JN299856

■コンピュータサイエンス教科書シリーズ 5

論 理 回 路

工学博士 曽和 将容
博士（工学） 範 公可 共著

COMPUTER SCIENCE TEXTBOOK SERIES

コロナ社

コンピュータサイエンス教科書シリーズ編集委員会

編集委員長　曽和　将容（電気通信大学）
編集委員　　岩田　彰　（名古屋工業大学）
（五十音順）　富田　悦次（電気通信大学）

(2007年5月現在)

刊行のことば

　インターネットやコンピュータなしでは一日も過ごせないサイバースペースの時代に突入している．また，日本の近隣諸国も IT 関連で急速に発展しつつあり，これらの人たちと手を携えて，つぎの時代を積極的に切り開く，本質を深く理解した人材を育てる必要に迫られている．一方では，少子化時代を迎え，大学などに入学する学生の気質も大きく変わりつつある．

　以上の状況にかんがみ，わかりやすくて体系化された，また質の高い IT 時代にふさわしい情報関連学科の教科書と，情報の専門家から見た文系や理工系学生を対象とした情報リテラシーの教科書を作ることを試みた．

　本シリーズはつぎのような編集方針によって作られている．

（1） 情報処理学会「コンピュータサイエンス教育カリキュラム」の報告，ACM Computing Curricula Recommendations を基本として，ネットワーク系の内容を充実し，現代にふさわしい内容にする．

（2） 大学理工系学部情報系の 2 年から 3 年の学生を中心にして，高専などの情報と名の付くすべての専門学科はもちろんのこと，工学系学科に学ぶ学生が理解できるような内容にする．

（3） コンピュータサイエンスの教科書シリーズであることを意識して，全体のハーモニーを大切にするとともに，単独の教科書としても使える内容とする．

（4） 本シリーズでコンピュータサイエンスの教育を完遂できるようにする．ただし，巻数の制限から，プログラミング，データベース，ソフトウェア工学，画像情報処理，パターン認識，コンピュータグラフィックス，自然言語処理，論理設計，集積回路などの教科書を用意していない．これらはすでに出版されている他の著書を利用していただきたい．

（5） 本シリーズのうち「情報リテラシー」はその役割にかんがみ，情報系だけではなく文系，理工系など多様な専門の学生に，正しいコンピュータの知識を持ったうえでワープロなどのアプリケーションを使いこなし，なおかつ，プログラミングをしながらアプリケーションを使いこなせる学生を養成するための教科書として構成する。

本シリーズの執筆方針は以下のようである。

（1） 最近の学生の気質をかんがみ，わかりやすく，丁寧に，体系的に表現する。ただし，内容のレベルを下げることはしない。

（2） 基本原理を中心に体系的に記述し，現実社会との関連を明らかにすることにも配慮する。

（3） 枝葉末節にとらわれてわかりにくくならないように考慮する。

（4） 例題とその解答を章内に入れることによって理解を助ける。

（5） 章末に演習問題を付けることによって理解を助ける。

本シリーズが，未来の情報社会を切り開いていけるたくましい学生を育てる一助となることができれば幸いです。

2006年5月

編集委員長　曽和　将容

まえがき

　本書では，コンピュータの基本である論理回路の豊富で高度な内容を，初めての方でも十分納得できるように，やさしく丁寧に体系的に述べている。できる限り直感的に納得できるように考慮しながらも，同時に論理的であるように心がけて，基礎から高度な内容までスムーズに理解できるように構成している。

　本文中で説明すると難解になりそうなところでは，例題や演習問題を解くことによって理解が深まるようにすると共に，その理解度をチェックできるようにしている。論理回路の本質をわかりやすく，直感的にも理論的にも理解できるような教科書となることが本書の重要な目的である。「わかりやすいけれど浅い，高度な内容だけれどわかりにくい」教科書とならないことに気をつけて構成している。

　論理回路の基礎的な事柄として，ブール代数，論理関数の表現と簡単化，順序回路の原理について述べ，コンピュータのハードウェアの基礎として，論理素子を組み合わせた組合せ論理回路や，フリップフロップを記憶素子として用いた順序回路の設計法について述べている。特に，一般の教科書では詳しく取り上げられることが少ない主乗法標準形の意味やその簡単化についても記述している。

　また，コンピュータにますます高速処理が要求されてきている状況に鑑み，高速演算方式についても一章を設け，近年発展が著しいプログラマブル論理素子についても説明し，アナログ世界とディジタル世界を関連づけるために，アナログ，ディジタル変換の原理についても述べている。最近のディジタル回路（論理回路）はどんどん複雑になり，多くのディジタル回路は"専用の言語"を使って設計されるようになっている。そのため，「ハードウェア記述言語

HDLによる論理設計」を付録としてつけた。

　本書はディジタル回路である論理回路に重点を置いているので，その基本素子であるAND素子やOR素子の構成などの電子回路に関する記述を最後の章（9章）にしている。電子回路に関する知識が先に必要であると思われる方は，9章をはじめに学習してから1章にお進みください。

　2013年8月

曽和　将容
範　　公可

目　　次

1 数 の 表 現

1.1　2　進　　数 ··· *1*
1.2　2進数の負数表現 ·· *3*
1.3　アスキーコード ··· *5*
演 習 問 題 ··· *6*

2 ブール代数と論理関数

2.1　ブール代数入門 ··· *7*
2.2　論　理　関　数 ··· *8*
　2.2.1　論　理　積 ··· *8*
　2.2.2　論　理　和 ··· *9*
　2.2.3　否　定　論　理 ··· *10*
2.3　ブール代数の公理と基本定理 ·· *11*
　2.3.1　公　　　理 ··· *11*
　2.3.2　基　本　定　理 ··· *15*
　2.3.3　双　対　性 ··· *16*
2.4　論理関数の標準形 ·· *17*
　2.4.1　主加法標準形 ··· *17*
　2.4.2　主乗法標準形 ··· *19*
2.5　展　開　定　理 ··· *21*
2.6　基本定理の証明 ··· *23*

2.7 主加法標準形の導出 …………………………………………… 25
2.8 主乗法標準形の導出 …………………………………………… 27
演 習 問 題 …………………………………………………………… 30

3 論理関数の簡単化

3.1 カルノー図による主加法標準形の簡単化 …………………… 31
3.2 カルノー図による主乗法標準形の簡単化 …………………… 37
3.3 クワイン・マクラスキー法による簡単化 …………………… 40
3.4 コンセンサス法による簡単化 ………………………………… 44
演 習 問 題 …………………………………………………………… 45

4 いろいろな組合せ論理回路

4.1 正論理と負論理, 論理回路と基本素子 ……………………… 46
4.2 排他的論理和回路 ……………………………………………… 48
4.3 半加算器, 全加算器 …………………………………………… 49
4.4 比　　較　　器 ………………………………………………… 51
4.5 マルチプレクサ（セレクタ）とデマルチプレクサ ………… 51
4.6 エンコーダとデコーダ ………………………………………… 53
4.7 加 減 算 器 ……………………………………………………… 54
4.8 桁上げ先見加算器 ……………………………………………… 55
4.9 乗　　算　　器 ………………………………………………… 57
4.10 除　　算　　器 ………………………………………………… 58
4.11 論理回路のハザード …………………………………………… 61
演 習 問 題 …………………………………………………………… 63

5 フリップフロップ

- 5.1 RS フリップフロップ …………………………………… 64
- 5.2 JK フリップフロップ …………………………………… 67
- 5.3 T フリップフロップ …………………………………… 68
- 5.4 D フリップフロップ …………………………………… 68
- 5.5 同期式フリップフロップ ………………………………… 69
- 5.6 マスタスレーブフリップフロップ ……………………… 70
- 5.7 直接セットリセット端子つき同期式フリップフロップ ……… 73
- 5.8 簡単なフリップフロップ応用回路 ……………………… 74
  - 5.8.1 レジスタ ……………………………………………… 74
  - 5.8.2 シフトレジスタ ……………………………………… 74
  - 5.8.3 カウンタ ……………………………………………… 76
  - 5.8.4 セルフスタートつきリングカウンタ ……………… 77
  - 5.8.5 バレルシフトレジスタ ……………………………… 78
- 演習問題 …………………………………………………………… 79

6 順序回路

- 6.1 順序回路の基礎 ………………………………………… 80
- 6.2 順序回路の表現 ………………………………………… 82
- 6.3 4進カウンタの設計 ……………………………………… 83
- 6.4 状態の簡単化 …………………………………………… 86
- 演習問題 …………………………………………………………… 88

7 アナログ-ディジタル変換

7.1 ディジタル-アナログ変換（D-A 変換） ················· 89
7.2 アナログ-ディジタル変換（A-D 変換） ················· 91
演 習 問 題 ··· 93

8 高速演算方式

8.1 桁上げ保存加算器 ·· 94
8.2 SD 表現による並列加減算 ······································ 95
8.3 配列型乗算器 ··· 98
8.4 複数ビット走査型乗算 ··· 100
8.5 符号つきディジット 2 進数表示による乗算 ············ 101
8.6 Booth の乗算器 ·· 102
8.7 SRT 除 算 法 ··· 104
8.8 浮動小数点乗算および加減算法 ····························· 105
演 習 問 題 ·· 108

9 基本論理素子の電子回路

9.1 基本半導体素子 ·· 109
9.2 NOT 論理素子 ··· 110
9.3 コンプリメンタリ回路 ·· 112
9.4 ハイインピーダンス状態 ······································· 113
9.5 ダイオードによる論理回路 ···································· 114
9.6 FET コンプリメンタリ論理回路 ···························· 114

9.7　トランジスタによる論理回路 …………………………………… *116*
9.8　ワイヤード OR 回路とバスゲート ……………………………… *117*
9.9　ダイナミック論理回路 …………………………………………… *118*
9.10　雑音余裕度とファンアウト，伝搬遅延 ………………………… *119*
9.11　メ モ リ（RAM）………………………………………………… *122*
9.12　フラッシュメモリと ROM ……………………………………… *125*
9.13　プログラマブルデバイス ………………………………………… *127*
演　習　問　題 …………………………………………………………… *128*

付　録　ハードウェア記述言語 HDL による論理設計

A.1　Verilog HDL による論理設計概要 ……………………………… *130*
A.2　Verilog HDL による論理記述 …………………………………… *132*
A.3　Verilog HDL によるシミュレーション ………………………… *133*
A.4　簡単な組合せ論理回路の Verilog HDL 表現 …………………… *136*
A.5　簡単な順序回路の Verilog HDL による表現 …………………… *138*

引用・参考文献 …………………………………… *141*
演 習 問 題 解 答 …………………………………… *142*
索　　　　引 …………………………………… *159*

1 数 の 表 現

論理回路では情報を0と1の2文字によって表す。ここでは，0と1とで数値や文字を表す方法について述べる。

1.1 2 進 数

0と1を用いて数値を表現するには2進数を使う。2進数は0110のように表される。2進数の各桁は**ビット**（**bit**）と呼ばれており，8桁を1**バイト**（**byte**）と呼ぶ。2進数の値，例えば101の値は，各桁の値に2のべき乗を掛けることにより

$$1 \times 2^2 + 0 \times 2^1 + 1 \times 2^0 = 4 + 0 + 1 = 5$$

と求められる。

3ビットの2進数では**表1.1**のように0から7まで表すことができる。4ビットでは0から15まで（**表1.2**），8ビットでは0から255，16ビットでは0か

表1.1　2進数

10進数	2進数
0	000
1	001
2	010
3	011
4	100
5	101
6	110
7	111

表 1.2 4 ビット 2 進数と 8 進数，16 進数表示

10 進数	2 進数表示	16 進数表示	8 進数表示
0	0000	0	0
1	0001	1	1
2	0010	2	2
3	0011	3	3
4	0100	4	4
5	0101	5	5
6	0110	6	6
7	0111	7	7
8	1000	8	10
9	1001	9	11
10	1010	A	12
11	1011	B	13
12	1100	C	14
13	1101	D	15
14	1110	E	16
15	1111	F	17

ら 65 535 で表すことができる。

数が大きくなる場合は，10 進数のキロである 1 000 に近い 1 024 (2^{10}) が 1 **K**（**ケイ**または**キロ**）として使われる。1 024 K は 1 **M**（**メガ**），1 024 M は 1 **G**（**ギガ**），1 024 G は 1 **T**（**テラ**）と呼ばれる。

2 進数 n ビットで表すことのできる値は 0 から (2^n-1) の 2^n 個である。2 進数の最上位桁は **MSB**（most significant bit），最下位桁は **LSB**（least significant bit）と呼ばれる。

2 進数は 0 と 1 の羅列で表すので，人間にとっては扱いにくい数値表現である。そのため，表 1.2 に示すように，3 桁または 4 桁をひとかたまりとして扱う方法が考えられている。3 桁では 0 から 7 まで表現できるので **8 進数**（octal number）として，また 4 桁では 0 から 15 まで表現できるので **16 進数**（hexadecimal number）として表現する。

16 進数では 0 から 15 を表す文字が必要である。0 から 9 までは 10 進数の文字そのものが使えるが，10 から 15 を表す文字は 10 進数にはないので新たな文字が必要である。この文字として A，B，C，D，E，F を使う。すなわち，10 を 16 進数で表すのに A を，11 を表すのに B を，12 を表すのに C を，13 を表すのに D を，14 を表すのに E を，15 を表すのに F を用いる。

例えば，2 進数 01010010101 は 16 進数表示では

 0101 1010 1111　→　5AF

のように，5AF と表される。8 進数表示では

 010 110 101 111　→　2657

のように，2657 と表される。

　4ビットで表すことができる0から15のうち，0から9までを使って10進数を表す方法がある。これを **2 進化 10 進符号**（**BCD コード**：binary coded decimal code）と呼ぶ。例えば，2進化10進符号で10進数365を表現するのに，2進数の3（0011），6（0110），5（0101）をそのまま並べて

　　　0011 0110 0101

と表現する。この値は

$$1\times 2^9 + 1\times 2^8 + 1\times 2^6 + 1\times 2^5 + 1\times 2^2 + 1\times 2^0 = 512+256+64+32+4+1 = 869$$

ではなく，10進数365であることに注意が必要である。

1.2　2進数の負数表現

　2進数による負の値の表現には，表1.3（a），（b）に示すように，**1の補数表現**（補数表現）と **2の補数表現**（縮小基数表現）が使われる。

表 1.3　負の数の表現方法

（a）1の補数表現

10進数	2進数
－3	100
－2	101
－1	110
－0	111
＋0	000
＋1	001
＋2	010
＋3	011

0の表現2個（－0，＋0）

（b）2の補数表現

10進数	2進数
－4	100
－3	101
－2	110
－1	111
＋0	000
＋1	001
＋2	010
＋3	011

負の表現が1個増える（－4）
0の表現1個（＋0）

　1の補数表現の各桁は，（基数－1）から正の2進数の各桁を引くことによって求められる。2進数では基数は2であるので，（基数－1）は（2－1＝1）から1である。したがって，**1の補数表現の各桁は，1から正の2進数の各桁を減じて求める**ということができる。

　例えば，011の最上位桁は（2－1）－0＝1，第2桁は（2－1）－1＝0，第1桁

1. 数 の 表 現

は $(2-1)-1=0$ となり，1 の補数表現として 100 が求められる。

　　正の 2 進数表現　　　011
　　1 の補数表現　　　　100

　この例からわかるように，**1 の補数は結果的にもとの 2 進数の 1，0 を入れ替えたものとなる**。

　3 桁の 2 進数では 8 個の数値表現が可能であり，表 1.3（a）に示すように，1 の補数では -3 から $+3$ までを表現することができる。8 個のうち 2 個が $+0$（2 進数では 000）と -0（2 進数では 111）の表現に使われおり，少し表現効率が悪い。

　2 の補数表現は，1 の補数に 1 を加算したものである。表（b）のように零の表現には 000 一つが使われているだけで，表現できる数が一つ増える。そのため 2 の補数表現では，-4 から $+3$ まで表現することができる。この利点からコンピュータでの計算には 2 の補数表現が使われることが多い。

　1 の補数，2 の補数表現では，正数のとき最上位ビットが 0，負数では 1 となるので，このビットは正負の符号を表す**符号ビット**と呼ばれることも多い。

【例題 1.1】

（1）4 ビットで表現できる数の範囲を，正数表現のみの場合と，1 と 2 の補数表現を用いる場合について書け。

　[解答]　正の整数のみ　　　0 から 15
　　　　　　1 の補数表現　　　-7 から $+7$
　　　　　　2 の補数表現　　　-8 から $+7$

（2）0101 1101，0111 0010 の 2 の補数表現を求めよ。

　[解答]　0101 1101　→　1010 0011
　　　　　　0111 0011　→　1000 1101　　　　　　　　　　　　◇

　2 の補数を使った計算では，減算を負数の加算として行う。例えば，10 進数 $3-1=2$ の計算は，3 ビットの 2 の補数を使うと

$$
\begin{array}{rr}
3 & 011 \\
+)\,-1 & +)\,111 \\
\hline
2 & 1\boxed{010}
\end{array}
$$

となって，010（10進数で2）が得られる．結果の4ビット目は，計算が3ビット2進数の計算であるので無視する．

2の補数を使った計算では，その補数が表現できる範囲（**値域**）を超えた結果となる計算はできない．例えば，3ビットの場合，10進数 3+2=5 の計算は

$$
\begin{array}{r} 3 \\ +)\ 2 \\ \hline 5 \end{array} \qquad \begin{array}{r} 011 \\ +)\ 010 \\ \hline 101 \end{array} \rightarrow -3
$$

となり，5となるべきところが-3になってしまう．これは5を表現したくても5の表現方法がないからである．このような現象を，計算結果が3ビットの表現値域を超えたということで**オーバフロー**（overflow）という．

したがって，3ビットの場合，2の補数を使う計算では，計算結果が-4～+3までの間になるようにしなければならない．2の補数を使った計算の結果がオーバフローしているかどうかは，次のようにして確かめることができる．

「**最上位桁からの桁上げと，最上位桁への桁上げが両方あるか両方ないとき，計算はオーバフローしていない．**」

1.3 アスキーコード

人間世界で使っているアルファベットや記号などの文字と，0，1で表されるディジタル世界との情報交換用に**アスキー**（**ASCII**：American Standard Code for Information Interchange）**コード**と呼ばれる米国の情報交換用標準コードが使われてきた．アスキーコードは，**表1.4**に示すように7ビットでアルファベットや記号を表す．例えば，ronri はアスキーコードでは

```
   r         o         n         r         i
111 0010  110 1111  110 1110  111 0010  110 1001
```

となる．行替え（LF：0001010）や1字戻り（BS：0001000），ベル（BEL：0000111）などもある．数字1の表現は 011 0001，2の表現は 011 0010 である．

コンピュータでは1バイトが基準となることが多いので，最上位ビットに0

1. 数 の 表 現

表 1.4 ASCII コード

下位＼上位				6 5 4	0 0 0	0 0 1	0 1 0	0 1 1	1 0 0	1 0 1	1 1 0	1 1 1
3	2	1	0									
0	0	0	0		NUL	DLE	SP	0	@	P	`	p
0	0	0	1		SOH	DC1	!	1	A	Q	a	q
0	0	1	0		STX	DC2	"	2	B	R	b	r
0	0	1	1		ETX	DC3	#	3	C	S	c	s
0	1	0	0		EOT	DC4	$	4	D	T	d	t
0	1	0	1		ENQ	NAK	%	5	E	U	e	u
0	1	1	0		ACK	SYN	&	6	F	V	f	v
0	1	1	1		BEL	ETB	'	7	G	W	g	w
1	0	0	0		BS	CAN	(	8	H	X	h	x
1	0	0	1		HT	EM	)	9	I	Y	i	y
1	0	1	0		LF	SUB	*	:	J	Z	j	z
1	0	1	1		VT	ESC	+	;	K	[	k	{
1	1	0	0		FF	FS	,	<	L	\	l	|
1	1	0	1		CR	GS	-	=	M	]	m	}
1	1	1	0		SO	RS	.	>	N	^	n	~
1	1	1	1		SI	US	/	?	O	_	o	DEL

を加えて 8 ビットに拡張することも多い。

演 習 問 題

【1】 4 ビットの 1 の補数, 2 の補数を書け。

【2】 ASCII コードで kairo を表せ。

【3】 3 ビットの 2 の補数表現を用いて次の計算を行い, 結果の正否を確かめよ。
 （1） $3+(-1)=$ 　（2） $(-2)+(-1)=$ 　（3） $2+3=$

【4】 8 ビットからなる 2 の補数を使って次の計算を行い, 結果の正否を確認せよ。
 （1） $124-67=$ 　（2） $124+72=$
 （3） $-15-21=$ 　（4） $127-124=$

【5】 2 の補数を使った計算で,「最上位桁への桁上げと最上位桁からの桁上げの両方があるか両方がないとき, 計算はオーバフローしていない」ことを説明せよ。

COMPUTER SCIENCE TEXTBOOK SERIES

C2 ブール代数と論理関数

論理回路はブール代数（Boolean algebra）と呼ばれる数学が基本となっている。本章はこれについてわかりやすく述べる。

2.1 ブール代数入門

コンピュータの基本回路は，0と1，**OFF**と**ON**，または**Hレベル**（ハイレベル）と**Lレベル**（ローレベル）の2値をとる論理回路によって作られる。**ブール代数**は簡単にいえば1と0を扱う代数学で，論理回路の理論的な基礎となるものである。

図2.1に示すようにスイッチがある場合，「スイッチが閉じている」という文章が正しいか，正しくないか，すなわち真（true）であるか，偽（false）であるかを問題にするとき，これを**命題算**という。

いま，スイッチが開いているか，閉じているかという状態を表すのに，Aという変数を与える。これを**論理変数**または**ブール変数**という。

図（a）ではスイッチが開いていることに対して，論理変数に偽をあてはめ（$A=$偽），図（b）のスイッチが閉じていることに対して，論理変数に真をあてはめる（$A=$真）。一般的には，偽に0を割り当て，

（a） $A=$偽
スイッチが開いている

（b） $A=$真
スイッチが閉じている

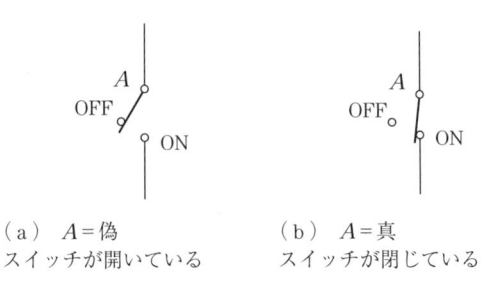

図2.1 論理変数

真に 1 を割り当てて表現することが多い。

2.2 論理関数

いくつかの論理変数を結合させて，新たな論理変数を求めることを**論理演算**と呼び，得られたものを**論理関数**と呼ぶ。基本的な論理演算には，**論理積**，**論理和**，**否定**がある。これらは，**AND 演算**，**OR 演算**，**NOT 演算**とも呼ばれる。

2.2.1 論 理 積

図 2.2 (a) に示すスイッチ 2 個からなる電気回路で，スイッチそれぞれに A と B の論理変数を与え，LED 電球が点灯するか，しないかに，C の論理変数を与えることにする。スイッチが閉じることと LED 電球が点灯することを真，そうでないことを偽とすると，論理変数 A，B，C の間には図 (b) に示す関係がある。この表を**真理値表**と呼ぶ。

この場合には，スイッチ A とスイッチ B の両方が入ったときのみ，すなわち，$A = B = $ 真 のときのみ LED 電球が点灯する。すなわち，「A かつ B ならば C である」という AND 関係である。図 (b) の偽に 0 を当てはめ，真に 1

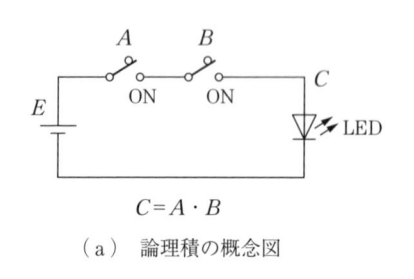

A	B	C
偽	偽	偽
偽	真	偽
真	偽	偽
真	真	真

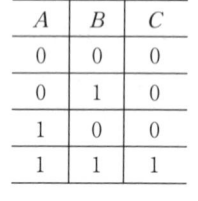

A	B	C
0	0	0
0	1	0
1	0	0
1	1	1

(a) 論理積の概念図　　(b) 真理値表　　(c) 真理値表

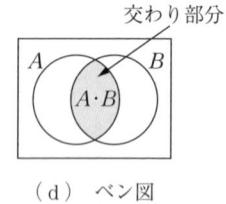

(d) ベン図　　(e) AND 記号

図 2.2　論理積（AND）

を当てはめると，図 (c) の真理値表が得られる。

　この表からわかるように，A, B と C の関係は，「A かつ B が真のとき C が真になる」という「**かつ**」または「**AND**」の関係であり，図 (c) からわかるように掛け算の関係に似ている。そのため，この関係を**論理積**と呼び，論理積の「かつ」または「AND」演算を表すのに掛け算記号である「・」を使う。論理積は **AND 論理**とも呼ばれる。論理積または AND 演算の記号に「・」を用いると，図 (c) の真理値表を表す論理関数は

$$C = A \cdot B$$

となる。掛け算の場合と同じように，「・」を省略して $C = AB$ と書くことも多い[†1]。この関係は図 (d) に示す**ベン図**と呼ばれる図で表すことができる。図の左側の円は変数 A を表し，右側の円は B を表す。円内が $A = $ 真 の部分を表し，円の外側が $A = $ 偽 の部分を表す。論理積 $A \cdot B$ はこの両円の**交わり部分**で表される。論理回路では，論理積を表す記号として，図 (e) に示す **ANSI**（American National Standards Institute：米国国家規格協会）/IEEE（Institute of Electrical and Electronics Engineers：米国電気電子学会）規格が使われることが多い[†2]。この規格は MIL 記号（military standard specification：米軍の規格 MIL-806 で規定されている）とも呼ばれる。

2.2.2 論　理　和

　図 2.3 (a) に示すようにスイッチを接続すると，この場合はどちらかのスイッチが ON になると，LED 電球が点灯する。この関係の真理値表は図 (b)，(c) のようになる。**論理和**は「A または B ならば C である」という関係で，**OR 論理**とも呼ばれる。

　図 (c) からわかるように，A, B と C の関係は足し算の関係に似ている。そのため，論理和と呼ばれ，論理和または OR 演算の記号として「+」を用い，これを「**または**」または「**OR**」と読む。この場合の論理式は

[†1] 本書では，2.4 節以降，誤解の恐れのない限り，「・」を省略して表記する。
[†2] 次項以降で学ぶ論理和，否定論理，排他的論理和を表す記号も同様である。

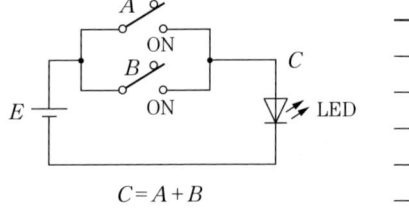

10   2. ブール代数と論理関数

A	B	C
偽	偽	偽
偽	真	真
真	偽	真
真	真	真

A	B	C
0	0	0
0	1	1
1	0	1
1	1	1

（a） 論理和の概念図　　（b） 真理値表　　（c） 真理値表

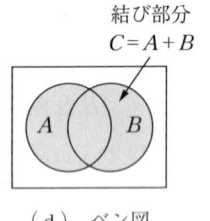

（d） ベン図 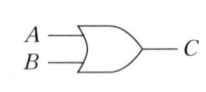　　（e） OR 記号

図 2.3　論理和（OR）

$$C = A + B$$

と表すことができる。ベン図では図（d）のように表され，A と B のユニオン（結び部分）が C （$=A+B$）を表す。記号は図（e）のようになる。

2.2.3　否定論理

図 2.4（a）に示すように電気回路を構成すると，スイッチが開いている場

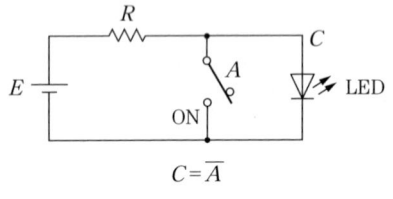

A	C
偽	真
真	偽

A	C
0	1
1	0

（a） 否定論理の概念図　　（b） 真理値表　　（c） 真理値表

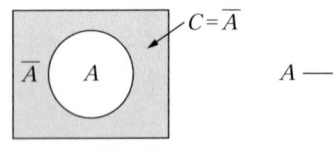

（d） ベン図 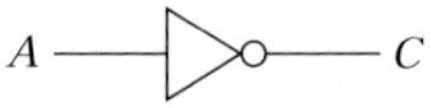　　（e） NOT 記号

図 2.4　否定論理（NOT）

合に LED 電球が点灯し，閉じると電球が消える回路が得られる。R はスイッチが ON のときショートを防ぐための抵抗器である。この場合の A と C の関係の真理値表は図 (b), (c) のようになる。すなわち，A が 1 ならば C は 0，A が 0 ならば C は 1 となり，1, 0 が入れ替わる関係が得られる。これを**否定論理**または**否定**と呼ぶ。論理式では

$$C = \overline{A}$$

と書き，これを「C は A でない」と読む。否定は **NOT 論理**ともいわれる。否定を表すのに論理変数の上に―をつける。ベン図は図 (d) のようになり，$\overline{A}$ は円の外側を表す。記号は図 (e) である。

2.3 ブール代数の公理と基本定理

2.3.1 公　　　理

ブール代数には**表 2.1** に示すような性質（公理と定理）がある。すなわち，この表の公理を満たすものがブール代数であり，定理はこの公理から導かれるものである。これらの公理をベン図にしたものが**図 2.5**，**図 2.6** であり，定理をベン図にしたものが**図 2.7**，**図 2.8** である。

表 2.1　ブール代数の公理と基本定理

公理	交換則	$A \cdot B = B \cdot A$	$A + B = B + A$
	結合則	$(A \cdot B) \cdot C = A \cdot (B \cdot C)$	$(A + B) + C = A + (B + C)$
	分配則	$(A + B) \cdot (A + C) = A + B \cdot C$	$A \cdot B + A \cdot C = A \cdot (B + C)$
	零元		$A + 0 = A$
	単位元	$A \cdot 1 = A$	
	否定則	$A \cdot \overline{A} = 0$	$A + \overline{A} = 1$
基本定理	(a) べき等則	$A \cdot A = A$	$A + A = A$
	(b)	$A \cdot 0 = 0$	$A + 1 = 1$
	(c) 吸収則	$A \cdot (A + B) = A$	$A + A \cdot B = A$
	(d) 二重否定	$\overline{\overline{A}} = A$	
	(e)	$\overline{A} + B = 1$, $\overline{A} \cdot B = 0$ ならば $A = B$ である	
	(f) ド・モルガンの定理	$\overline{A \cdot B} = \overline{A} + \overline{B}$	$\overline{A + B} = \overline{A} \cdot \overline{B}$

2. ブール代数と論理関数

（a）交換則
$$A \cdot B = B \cdot A$$

（a'）交換則
$$A + B = B + A$$

（b）結合則
$$(A \cdot B) \cdot C = A \cdot (B \cdot C)$$

（b'）結合則
$$(A + B) + C = A + (B + C)$$

（c）分配則
$$(A + B) \cdot (A + C) = A + B \cdot C$$

（c'）分配則
$$A \cdot B + A \cdot C = A \cdot (B + C)$$

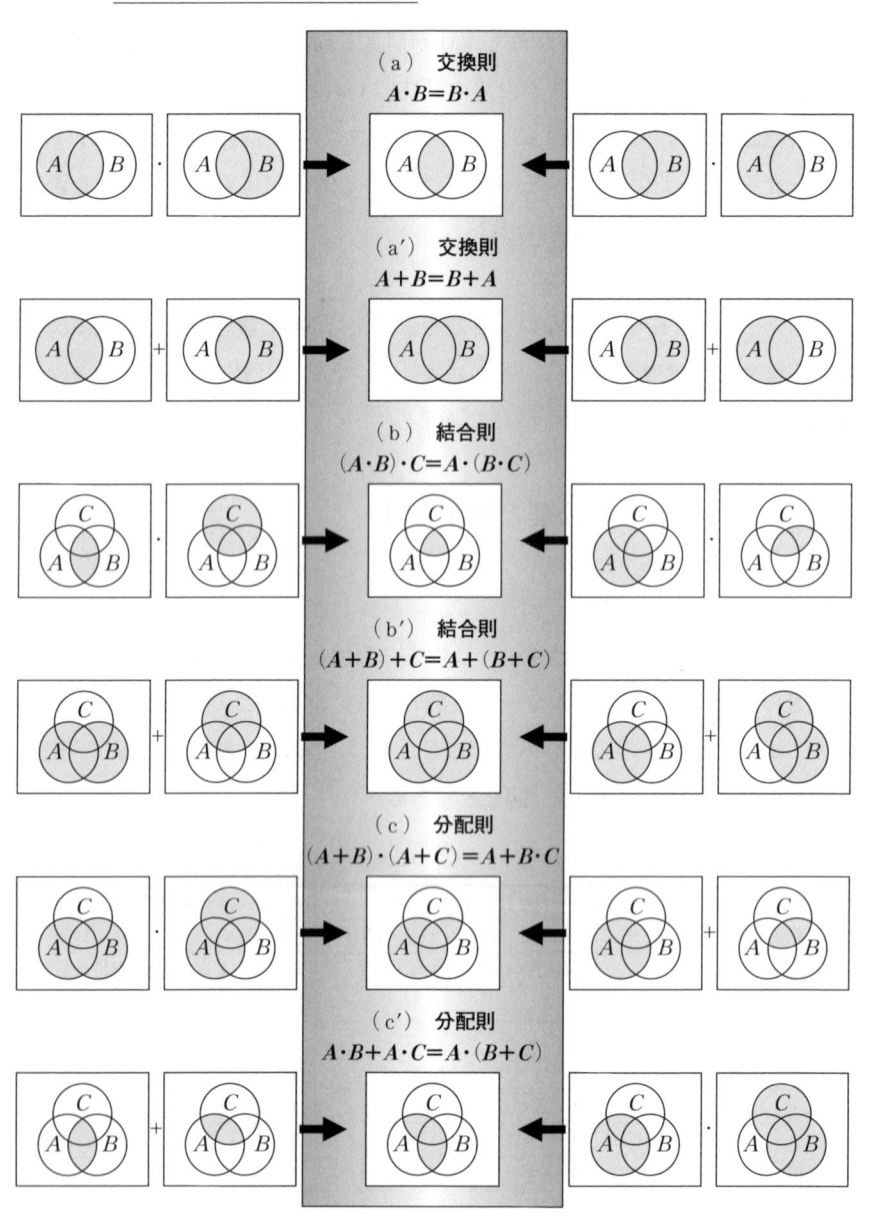

図 2.5 公 理（その 1）

2.3 ブール代数の公理と基本定理　13

(a) 零元
$A+0=A$

(b) 単位元
$A \cdot 1 = A$

(c) 否定則
$A \cdot \overline{A} = 0$

(c′) 否定則
$A + \overline{A} = 1$

図 2.6 公　理（その 2）

(a) べき等則
$A \cdot A = A$

(a′) べき等則
$A + A = A$

(b) $A+1=1$

(b′) $A \cdot 0 = 0$

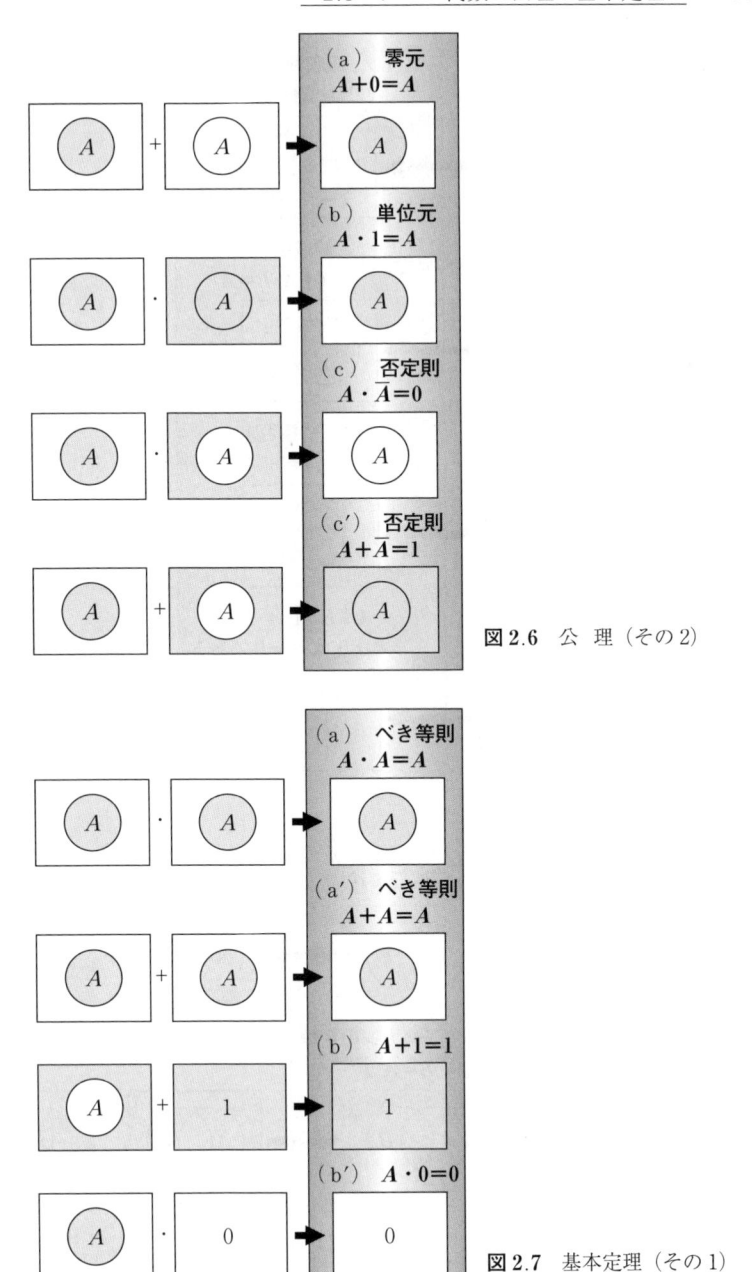

図 2.7 基本定理（その 1）

14   2. ブール代数と論理関数

(c) 吸収則
$A \cdot (A+B) = A$

(c′) 吸収則
$A + A \cdot B = A$

(d) 二重否定
$\overline{\overline{A}} = A$

(e) $\overline{A} + B = 1, \overline{A} \cdot B = 0$
ならば $A = B$ である

$\overline{A} + B = 1$　かつ　$\overline{A} \cdot B = 0$

この領域がないこと

(f) ド・モルガンの定理
$\overline{A \cdot B} = \overline{A} + \overline{B}$

(f′) ド・モルガンの定理
$\overline{A + B} = \overline{A} \cdot \overline{B}$

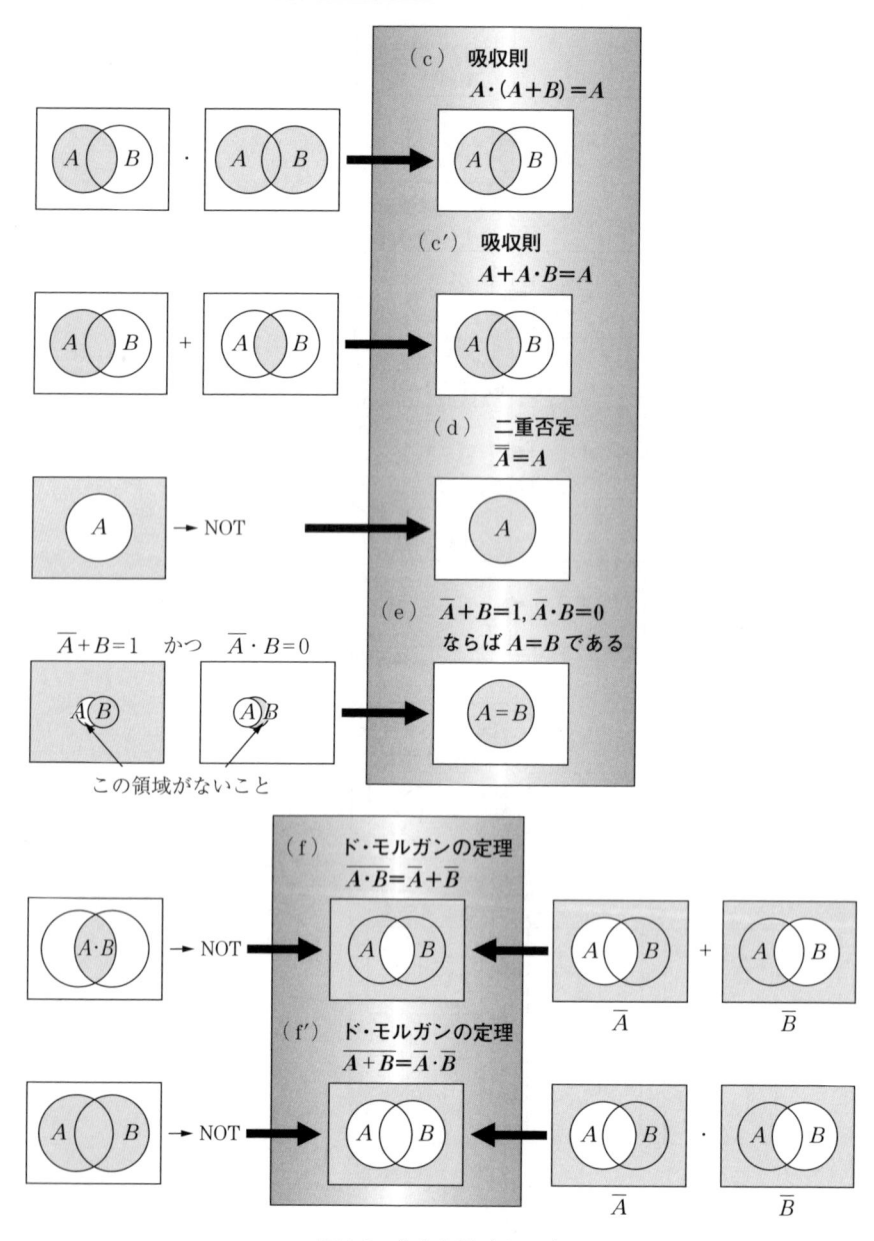

図 2.8　基本定理（その 2）

2.3 ブール代数の公理と基本定理

図2.5から図2.8のベン図では，左側に左辺の関係を，右側に右辺の関係を示す。この図を見ることによりこの公理と基本定理の正しさを直感的に納得できる。

結合則，交換則，結合則は普段われわれが使っている数学と同じ関係に見えるが，図2.5(c)の分配則は $(A+B) \cdot (A+C) = A+B \cdot C$ であり，数学とは異なる。しかし，図からその関係が正しいことが納得できるはずである。(c′) の分配則 $A \cdot B + A \cdot C = A \cdot (B+C)$ は普段使っている代数と同じ形である。

図2.6の零元，単位元の関係は見慣れた形式であるが，否定則 $A \cdot \overline{A} = 0$, $A + \overline{A} = 1$ は論理演算独特のものである。

2.3.2 基本定理

図2.7，図2.8の定理は一般の数学とはその規則が異なっている。しかし，この図を眺めればその正しさが直感的に納得できるはずである。ただし，図2.8(e)は図では表現できないのでそれらしき図としてある。

このうち図2.8(f)，(f′)の**ド・モルガンの定理**

$$\overline{A \cdot B} = \overline{A} + \overline{B}$$
$$\overline{A+B} = \overline{A} \cdot \overline{B}$$

は，**論理積を論理和，または論理和を論理積に変換する**重要な定理である。この定理は式からは理解が難しい点があるが，図2.8(f)，(f′)のベン図を見ることにより簡単に納得できるであろう。

ド・モルガンの定理は，両辺を否定することにより

$$A \cdot B = \overline{\overline{A} + \overline{B}}$$
$$A + B = \overline{\overline{A} \cdot \overline{B}}$$

とも表すことができる。

この図は2変数の場合のド・モルガンの定理であるが，この定理は多変数に関しても適用できる。変数が多い場合は次のようになる。

$$\overline{A \cdot B \cdot C \cdot D \cdots} = \overline{A} + \overline{B} + \overline{C} + \overline{D} + \cdots$$
$$\overline{A+B+C+D+\cdots} = \overline{A} \cdot \overline{B} \cdot \overline{C} \cdot \overline{D} \cdots$$

ド・モルガンの定理は次のように一般化できる。いま、論理関数を

$$f(A, B, C, \cdots\cdots, +, \cdot)$$

で表す。ここで、A, B, $+$, $\cdot$ は関数内で使われている変数と演算子を表す。ここで、$+\to\cdot$ を、$+$演算子を$\cdot$演算子に置き換えることを表すと

$$\overline{f(A, B, C, \cdots\cdots, +, \cdot)} = f(\overline{A}, \overline{B}, \overline{C}, \cdots\cdots, +\to\cdot, \cdot\to+)$$

と表すことができる。すなわち、論理関数 f の否定は、各変数を否定形にして、論理和を論理積に、論理積を論理和にしたものに等しいというのが、ド・モルガンの定理である。

2.3.3 双 対 性

表2.1の3列目の公理の $\cdot$ を $+$ に、0を1に、1を0に入れ替えれば、4列目の公理が得られる。これから公理の $\cdot$ を $+$ に、0を1に、1を0に入れ替えても公理が成り立つことがわかる。これを**双対性**と呼ぶ。

このように入れ替えても公理が成り立つということから、公理から導かれる定理上でも双対性は成り立つことは明らかである。当然、一般の論理式は公理と定理によって導かれるので、双対性は一般の論理式、例えば

$$A \cdot B + \overline{A} \cdot \overline{B} + \overline{A} \cdot B \cdot C = \overline{A} \cdot \overline{B} + B \cdot C + A \cdot B \cdot \overline{C}$$

が成り立てば

$$(A+B) \cdot (\overline{A}+\overline{B}) \cdot (\overline{A}+B+C) = (\overline{A}+\overline{B}) \cdot (B+C) \cdot (A+B+\overline{C})$$

も同様に成り立つ。

これを**双対性定理**と呼ぶ。すなわち、論理式では次のように、0を1に、1を0に、$\cdot$ を $+$ に、$+$ を $\cdot$ に入れ替えても式は成り立つ。

$$0 \to 1$$
$$1 \to 0$$
$$\cdot \to +$$
$$+ \to \cdot$$

式の証明は公理や定理を使ってもできるし、また、論理変数が0と1の値をとるだけであるので、0, 1すべての組み合わせを式に当てはめて調べること

によってもできる。

2.4 論理関数の標準形

一般に，論理関数は**主加法標準形**と呼ばれる形式，または**主乗法標準形**と呼ばれる形式で表すことができる。

いま，A，B，C の 3 変数からなる論理式を考える。$A\overline{C}$ のような表現は論理積であるので**積項**と呼ばれ，すべての変数を含んだ $AB\overline{C}$ のような積項は**最小項**と呼ばれる。

一方，$A+\overline{C}$ のような表現は論理和で**和項**と呼ばれ，すべての変数を含んだ $A+B+\overline{C}$ のような和項は**最大項**と呼ばれる。

最小項は，図 2.9 (a) からわかるように，ベン図内の区分される領域のうちの一領域，すなわち最小の領域を表しており，最大項は，図 (b) において，区分される領域のうち一領域だけを除いた領域，すなわち最大の領域を表している。

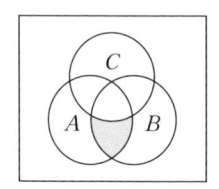

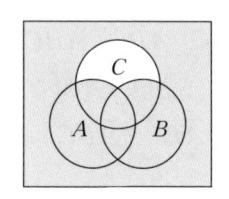

（a）積項または　　（b）和項または
　　最小項 $AB\overline{C}$ 　　　　最大項 $A+B+\overline{C}$

図 2.9　最小項と最大項

2.4.1 主加法標準形

主加法標準形は，最小項の **OR** の組み合わせで論理式を表現するものである。

例として，表 2.2 に A，B，C，3 変数の場合の真理値表について考える。最小項と変数の値に対する最小項の値が付加されている。最小項は各変数の組

2. ブール代数と論理関数

表2.2 最小項を含んだ真理値表

A,B,C	$\bar{A}\bar{B}\bar{C}$	$\bar{A}\bar{B}C$	$\bar{A}B\bar{C}$	$\bar{A}BC$	$A\bar{B}\bar{C}$	$A\bar{B}C$	$AB\bar{C}$	ABC	$f(A,B,C)$
000	1	0	0	0	0	0	0	0	0
001	0	1	0	0	0	0	0	0	0
010	0	0	①	0	0	0	0	0	1
011	0	0	0	①	0	0	0	0	1
100	0	0	0	0	1	0	0	0	0
101	0	0	0	0	0	①	0	0	1
110	0	0	0	0	0	0	1	0	0
111	0	0	0	0	0	0	0	①	1

み合わせに対して、一時には一つだけが1となる。例えば、$\bar{A}B\bar{C}$は$A=0$, $B=1$, $C=0$ のときだけ1になる。この真理値表は、A, B, Cが010または011, 101, 111のときに関数$f(A,B,C)=1$になり、それ以外のときには$f(A,B,C)=0$となる論理関数を表している。

これを主加法標準形で表すには、同表の$f(A,B,C)=1$となる行に注目し、その行で1となる最小項のORをとる。表で論理関数$f(A,B,C)$が1となるとき1（表の○印）となる最小項は

$$\bar{A}B\bar{C},\ \bar{A}BC,\ A\bar{B}C,\ ABC$$

の4個であるので、主加法標準形で表した論理関数は

$$f(A,B,C) = \bar{A}B\bar{C} + \bar{A}BC + A\bar{B}C + ABC \tag{2.1}$$

と求められる。

この式は、最小項$\bar{A}B\bar{C}$, $\bar{A}BC$, $A\bar{B}C$, ABCのいずれか一つが1となるとき、$f(A,B,C)=1$となり、それ以外では式のすべての最小項が0となるので、$f(A,B,C)=0$となる。

例えば、A, B, Cが010のとき、式(2.1)は

$$f(0,1,0) = \bar{0}1\bar{0} + \bar{0}10 + 0\bar{1}0 + 010 = 1 + 0 + 0 + 0 = 1$$

となり、A, B, Cが100のとき、式(2.1)は

$$f(1,0,0) = \bar{1}0\bar{0} + \bar{1}00 + 1\bar{0}0 + 100 = 0 + 0 + 0 + 0 = 0$$

となる。これから、式(2.1)は同表の真理値表の論理関数$f(A,B,C)$を正し

く表していることがわかる。

3変数の場合を例にとって主加法標準形について説明したが，変数が増えても同様な標準形で論理関数を表すことができることは容易に想像がつくであろう。

式 (2.1) の論理回路を書くと，**図 2.10** のような AND 部，OR 部からなる論理回路が得られる。

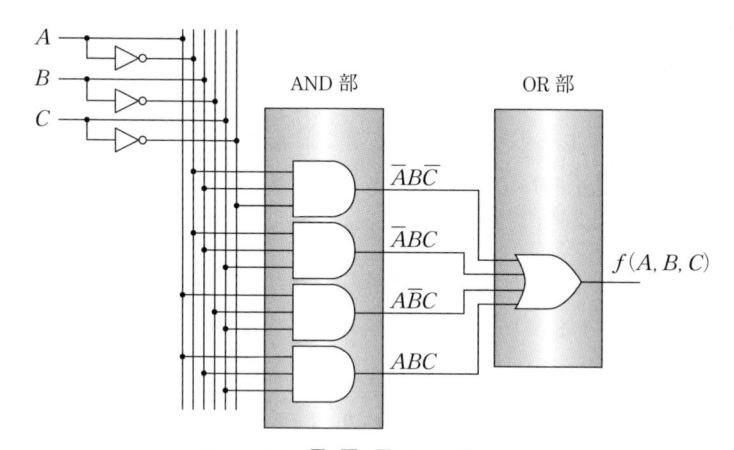

$$f(A, B, C) = \overline{A}B\overline{C} + \overline{A}BC + A\overline{B}C + ABC$$

図 2.10 主加法標準形

2.4.2 主乗法標準形

一方，**主乗法標準形は，最大項の AND で論理関数を表すものである**。表 2.2 と同じ論理関数を表す**表 2.3** により，主乗法標準形の求め方を説明しよう。

ここには最大項も同時に書き込まれている。表からわかるように，最大項は変数 A, B, C の組み合わせに対して 1 個だけ 0 になり，他の最大項は 1 となる。

主乗法標準形は，表の $f(A, B, C) = 0$ の行に注目し，この行で，値を 0 とする最大項の AND をとることによって論理式が求められる。この表では，論理関数 $f(A, B, C)$ を 0 とするのは，変数 A, B, C が 000 または 001，100，

表2.3 最大項を含んだ真理値表

A,B,C	$\bar{A}+\bar{B}+\bar{C}$	$\bar{A}+\bar{B}+C$	$\bar{A}+B+\bar{C}$	$\bar{A}+B+C$	$A+\bar{B}+\bar{C}$	$A+\bar{B}+C$	$A+B+\bar{C}$	$A+B+C$	$f(A,B,C)$
000	1	1	1	1	1	1	1	⓪	0
001	1	1	1	1	1	1	⓪	1	0
010	1	1	1	1	1	0	1	1	1
011	1	1	1	1	0	1	1	1	1
100	1	1	1	⓪	1	1	1	1	0
101	1	1	0	1	1	1	1	1	1
110	1	⓪	1	1	1	1	1	1	0
111	0	1	1	1	1	1	1	1	1

110の行であり,これらの行で値が0となる最大項は

$$A+B+C,\ A+B+\bar{C},\ \bar{A}+B+C,\ \bar{A}+\bar{B}+C$$

である。したがって,主乗法標準形による論理式は

$$f(A,B,C)=(A+B+C)(A+B+\bar{C})(\bar{A}+B+C)(\bar{A}+\bar{B}+C) \quad (2.2)$$

と求めることができる。

この式で A,B,C が000または001,100,110のとき,一つの最大項が0となり,他の最大項は1となるので,$f(A,B,C)=0$ となる。例えば,A,B,C が001で式の右辺第2項 $A+B+\bar{C}=0$ となるとき,他の最大項は1となるので

$$f(0,0,1)=(0+0+1)(0+0+\bar{1})(\bar{0}+0+1)(\bar{0}+\bar{0}+1)$$
$$=(0+0+1)(0+0+0)(1+0+1)(1+1+1)$$
$$=1\cdot 0\cdot 1\cdot 1=0$$

となり,真理値表の $f(0,0,1)$ の値と一致する。

一方,A,B,C が上記 (000,001,100,110) 以外では,式のすべての最大項が1となる。例えば,A,B,C が010のとき

$$f(0,1,0)=(0+1+0)(0+1+\bar{0})(\bar{0}+1+0)(\bar{0}+\bar{1}+0)$$
$$=(0+1+0)(0+1+1)(1+1+0)(1+0+0)$$
$$=1\cdot 1\cdot 1\cdot 1=1$$

となる。このことから,式 (2.2) は表2.3の真理値表の内容を表していること

がわかる。

主加法標準形を構成する最小項と主乗法標準形を構成する最大項は，例えば，A, B, C が 0, 1, 0 のとき，値が 1 となる最小項と 0 となる最大項は

最小項：$\overline{A} \cdot B \cdot \overline{C}$

最大項：$A + \overline{B} + C$

となる。これから互いの変数は否定（NOT）関係にあることがわかる。

3 変数の場合を例にとって主乗法標準形について説明したが，変数が増えても同様な標準形で論理関数を表すことができることは容易に想像がつくであろう。

式 (2.2) を表す論理回路は，**図 2.11** のように，OR 部，AND 部からなる論理回路となる。

$$f(A, B, C) = (A + B + C)(A + B + \overline{C})(\overline{A} + B + C)(\overline{A} + \overline{B} + C)$$

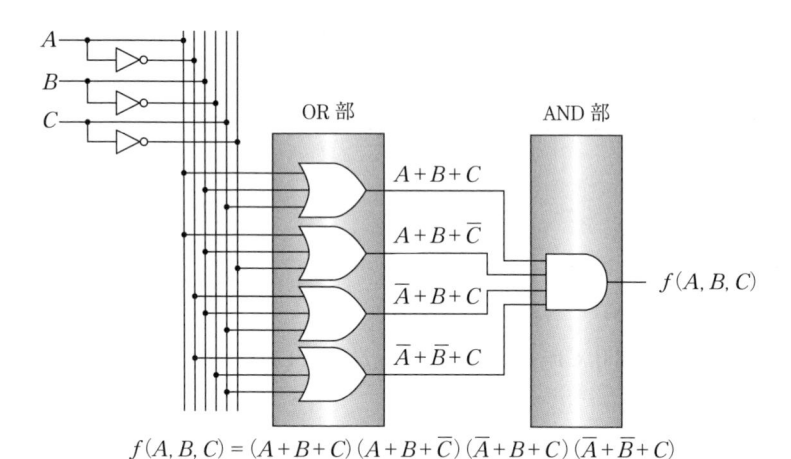

図 2.11　主乗法標準形

2.5　展 開 定 理

3 変数の場合を例にとって，論理関数は以下のように展開することが可能であることを示す。これは**展開定理**と呼ばれている。

$$f(A, B, C) = \overline{A} \cdot f(0, B, C) + A \cdot f(1, B, C)$$

$$= \overline{B} \cdot f(A, 0, C) + B \cdot f(A, 1, C)$$
$$= \overline{C} \cdot f(A, B, 0) + C \cdot f(A, B, 1) \tag{2.3}$$

これを証明しよう。

$A = 0$ のとき

　左辺の A に 0 を代入すると

　左辺 $= f(0, B, C)$ となる。

　右辺の A に 0 を代入すると

　右辺 $= 1 \cdot f(0, B, C) + 0 \cdot f(1, B, C) = f(0, B, C)$

　よって，左辺 = 右辺

$A = 1$ のとき

　左辺 $= f(1, B, C)$

　右辺 $= 0 \cdot f(0, B, C) + 1 \cdot f(1, B, C) = f(1, B, C)$

　よって，左辺 = 右辺となり

$$f(A, B, C) = \overline{A} \cdot f(0, B, C) + A \cdot f(1, B, C)$$

が成り立つ。

　一方，B に関しても

$B = 0$ のとき

　左辺 $= f(A, 0, C)$

　右辺 $= 1 \cdot f(A, 0, C) + 0 \cdot f(A, 1, C) = f(A, 0, C)$

　よって，左辺 = 右辺

$B = 1$ のとき

　左辺 $= f(A, 1, C)$

　右辺 $= 0 \cdot f(A, 0, C) + 1 \cdot f(A, 1, C) = f(A, 1, C)$

　よって，左辺 = 右辺となり

$$f(A, B, C) = \overline{B} \cdot f(A, 0, C) + B \cdot f(A, 1, C)$$

は正しい。変数 C に関しても同様に成り立つ。変数が多い場合も，同様に展開定理が成り立つことは容易にわかるであろう。

　式 (2.3) に双対性定理を適用すると

$$f(A, B, C) = (\overline{A} + f(1, B, C))(A + f(0, B, C))$$
$$= (\overline{B} + f(A, 1, C))(B + f(A, 0, C))$$
$$= (\overline{C} + f(A, B, 1))(C + f(A, B, 0)) \qquad (2.3')$$

となり，乗法形の展開定理が得られる。

2.6　基本定理の証明

表2.1の基本定理は，図2.7，図2.8により直感的に正しいことが理解できた。この節では念のためこれらの定理を，公理を使って証明しよう。もしこれまでの説明で基本原理に納得できていれば，これ以降の節を読みとばしてもさしつかえない。

（a）　べき等則　$A + A = A$

$\quad A + A = (A + A) \cdot 1$ …………… 単位元公理より

$\qquad = (A + A) \cdot (A + \overline{A})$ …………… 否定則公理より

$\qquad = A + (A \cdot \overline{A})$ …………… 分配則公理より

$\qquad = A + 0$ …………… 否定則公理より

$\qquad = A$ …………… 零元公理より

このことから，一般に以下の定理が成り立つ。

$\quad A + A + A + \cdots\cdots = A$

（a'）　べき等則　$A \cdot A = A$

$\quad A \cdot A = A$ …………… 定理（a）に双対則を適用

このことから，一般に以下の定理が成り立つ。

$\quad A \cdot A \cdot A \cdot \cdots\cdots = A$

（b）　$A + 1 = 1$

$\quad A + 1 = (A + 1) \cdot 1$ …………… 単位元公理より

$\qquad = (A + 1) \cdot (A + \overline{A})$ …………… 否定則公理より

$\qquad = A + (1 \cdot \overline{A})$ …………… 分配則公理より

$\qquad = A + \overline{A}$ …………… 単位元公理より

2. ブール代数と論理関数

$\qquad = 1$ …………… 否定則公理より

(b′) $A \cdot 0 = 0$

$\quad A \cdot 0 = 0$ …………… 定理（b）に双対則を適用

(c) 吸収則 $A + A \cdot B = A$

$\quad A + A \cdot B = A \cdot 1 + A \cdot B$ …………… 単位元公理より
$\qquad\qquad\;\; = A \cdot (1 + B)$ …………… 分配則公理より
$\qquad\qquad\;\; = A \cdot 1$ …………… 定理（b）より
$\qquad\qquad\;\; = A$ …………… 単位元公理より

(c′) 吸収則 $A \cdot (A + B) = A$

$\quad A \cdot (A + B) = A$ …………… 定理（c）に双対則を適用

(d) 二重否定 $\overline{\overline{A}} = A$

$\quad \overline{\overline{A}} = \overline{\overline{A}} \cdot 1$ …………… 単位元公理より
$\qquad = \overline{\overline{A}} \cdot (A + \overline{A})$ …………… 否定公理より
$\qquad = \overline{\overline{A}} \cdot A + \overline{\overline{A}} \cdot \overline{A}$ …………… 分配則公理より
$\qquad = \overline{\overline{A}} \cdot A + 0$ …………… 否定則公理より
$\qquad = \overline{\overline{A}} \cdot A + A \cdot \overline{A}$ …………… 否定則公理より
$\qquad = A \cdot (\overline{\overline{A}} + \overline{A})$ …………… 分配則公理より
$\qquad = A \cdot 1$ …………… 否定則公理より
$\qquad = A$ …………… 単位元公理より

(e) $\overline{A} + B = 1$, $\overline{A} \cdot B = 0$ ならば $A = B$ である。

$\quad A = A \cdot 1$ …………… 単位元公理より
$\qquad = A \cdot (\overline{A} + B)$ …………… 条件 $\overline{A} + B = 1$ より
$\qquad = A \cdot \overline{A} + A \cdot B$ …………… 分配則公理より
$\qquad = 0 + A \cdot B$ …………… 否定則公理より
$\qquad = \overline{A} \cdot B + A \cdot B$ …………… 条件 $\overline{A} \cdot B = 0$ より
$\qquad = (\overline{A} + A) \cdot B$ …………… 分配則公理より
$\qquad = 1 \cdot B$ …………… 分配則公理より
$\qquad = B$ …………… 単位元公理より

（f）ド・モルガンの定理 $\overline{A+B} = \overline{A} \cdot \overline{B}$

$\overline{A+B} = a, \ \overline{A} \cdot \overline{B} = b$ と置く。

$\overline{a} + b = \overline{\overline{A+B}} + \overline{A} \cdot \overline{B}$

$\quad = A + B + \overline{A} \cdot \overline{B}$ ·················· 定理（d）より

$\quad = (A+B) + \overline{A} \cdot \overline{B}$ ·················· 結合則公理より

$\quad = ((A+B) + \overline{A}) \cdot ((A+B) + \overline{B})$ ········ 分配則公理より

$\quad = (A + \overline{A} + B) \cdot (A + B + \overline{B})$ ············· 結合則公理より

$\quad = (1 + B) \cdot (A + 1)$ ·················· 否定則公理より

$\quad = 1$ ·················· 定理（b）より

一方

$\overline{a} \cdot b = (\overline{\overline{A+B}}) \cdot (\overline{A} \cdot \overline{B})$

$\quad = (A+B) \cdot (\overline{A} \cdot \overline{B})$ ·················· 定理（d）より

$\quad = A \cdot \overline{A} \cdot \overline{B} + \overline{A} \cdot B \cdot \overline{B}$ ·················· 分配則公理より

$\quad = 0 \cdot \overline{B} + \overline{A} \cdot 0$ ·················· 否定則公理より

$\quad = 0$ ·················· 定理（b'）より

よって，定理（e）により

$a = b$

すなわち

$\overline{A+B} = \overline{A} \cdot \overline{B}$

（f'）ド・モルガンの定理 $\overline{A \cdot B} = \overline{A} + \overline{B}$

$\overline{A \cdot B} = \overline{A} + \overline{B}$ ·················· 定理（f）に双対則を適用

2.7 主加法標準形の導出

3変数の場合の主加法標準形について，すべての最小項を含む形で一般化すると，以下のようになる。

$f(A, B, C) = \overline{A} \cdot \overline{B} \cdot \overline{C} \cdot f(0, 0, 0)$
$\qquad + \overline{A} \cdot \overline{B} \cdot C \cdot f(0, 0, 1)$

$$+\overline{A} \cdot B \cdot \overline{C} \cdot f(0,1,0)$$
$$+\overline{A} \cdot B \cdot C \cdot f(0,1,1)$$
$$+A \cdot \overline{B} \cdot \overline{C} \cdot f(1,0,0)$$
$$+A \cdot \overline{B} \cdot C \cdot f(1,0,1)$$
$$+A \cdot B \cdot \overline{C} \cdot f(1,1,0)$$
$$+A \cdot B \cdot C \cdot f(1,1,1) \tag{2.4}$$

この式で例えば,

$f(0,1,1)=0$ であれば,$\overline{A} \cdot B \cdot C \cdot f(0,1,1) = \overline{A} \cdot B \cdot C \cdot 0 = 0$
となり,

$f(0,1,1)=1$ であれば,$\overline{A} \cdot B \cdot C \cdot f(0,1,1) = \overline{A} \cdot B \cdot C \cdot 1 = \overline{A} \cdot B \cdot C$
となり,$f(0,1,1)=0$ のときは $\overline{A} \cdot B \cdot C$ 項が消え,$f(0,1,1)=1$ のときはこれが残る。

したがって,式 (2.4) は,$f(A,B,C)=1$ となる行において,1 となる最小項の OR をとっている式となっている。

この主加法標準形を式の変形によって導出する。$f(A,B,C)$ に展開定理を適用すると

$$f(A,B,C) = \overline{A} \cdot f(0,B,C) + A \cdot f(1,B,C) \tag{2.5}$$

右辺の $f(0,B,C)$ に,B に関して展開定理を適用すると

$$f(0,B,C) = \overline{B} \cdot f(0,0,C) + B \cdot f(0,1,C) \tag{2.6}$$

同様に,右辺の $f(1,B,C)$ に,B に関して展開定理を適用すると

$$f(1,B,C) = \overline{B} \cdot f(1,0,C) + B \cdot f(1,1,C) \tag{2.7}$$

式 (2.6) と式 (2.7) とを式 (2.5) に代入すると

$$\begin{aligned}f(A,B,C) &= \overline{A} \cdot (\overline{B} \cdot f(0,0,C) + B \cdot f(0,1,C)) + A \cdot (\overline{B} \cdot f(1,0,C) \\&\quad + B \cdot f(1,1,C)) \\&= \overline{A} \cdot \overline{B} \cdot f(0,0,C) \\&\quad + \overline{A} \cdot B \cdot f(0,1,C) \\&\quad + A \cdot \overline{B} \cdot f(1,0,C) \\&\quad + A \cdot B \cdot f(1,1,C)\end{aligned} \tag{2.8}$$

が得られる。この式の右辺の論理関数に関しても展開定理を適用すると

$$f(0,0,C) = \overline{C} \cdot f(0,0,0) + C \cdot f(0,0,1)$$
$$f(0,1,C) = \overline{C} \cdot f(0,1,0) + C \cdot f(0,1,1)$$
$$f(1,0,C) = \overline{C} \cdot f(1,0,0) + C \cdot f(1,0,1)$$
$$f(1,1,C) = \overline{C} \cdot f(1,1,0) + C \cdot f(1,1,1)$$

これを式 (2.8) に代入すると

$$\begin{aligned}
f(A,B,C) &= \overline{A} \cdot \overline{B} \cdot (\overline{C} \cdot f(0,0,0) + C \cdot f(0,0,1)) \\
&+ \overline{A} \cdot B \cdot (\overline{C} \cdot f(0,1,0) + C \cdot f(0,1,1)) \\
&+ A \cdot \overline{B} \cdot (\overline{C} \cdot f(1,0,0) + C \cdot f(1,0,1)) \\
&+ A \cdot B \cdot (\overline{C} \cdot f(1,1,0) + C \cdot f(1,1,1)) \\
&= \overline{A} \cdot \overline{B} \cdot \overline{C} \cdot f(0,0,0) \\
&+ \overline{A} \cdot \overline{B} \cdot C \cdot f(0,0,1) \\
&+ \overline{A} \cdot B \cdot \overline{C} \cdot f(0,1,0) \\
&+ \overline{A} \cdot B \cdot C \cdot f(0,1,1) \\
&+ A \cdot \overline{B} \cdot \overline{C} \cdot f(1,0,0) \\
&+ A \cdot \overline{B} \cdot C \cdot f(1,0,1) \\
&+ A \cdot B \cdot \overline{C} \cdot f(1,1,0) \\
&+ A \cdot B \cdot C \cdot f(1,1,1)
\end{aligned} \tag{2.9}$$

となり，主加法標準形が得られる。

これから，多変数論理関数 $f(A,B,C,D,\cdots)$ の場合も同様な主加法標準形を得ることができることがわかる。

2.8 主乗法標準形の導出

すべての最大項を含む形で一般化した主乗法標準形は，次のように書くことができる。

$$\begin{aligned}
f(A,B,C) &= (A+B+C+f(0,0,0)) \\
&\quad (A+B+\overline{C}+f(0,0,1))
\end{aligned}$$

$$(A+\overline{B}+C+f(0,1,0))$$
$$(A+\overline{B}+\overline{C}+f(0,1,1))$$
$$(\overline{A}+B+C+f(1,0,0))$$
$$(\overline{A}+B+\overline{C}+f(1,0,1))$$
$$(\overline{A}+\overline{B}+C+f(1,1,0))$$
$$(\overline{A}+\overline{B}+\overline{C}+f(1,1,1)) \tag{2.10}$$

この式では，$f(1,0,1)$ などが 0 の場合は

$$(\overline{A}+B+\overline{C}+f(1,0,1)) = (\overline{A}+B+\overline{C}+0) = (\overline{A}+B+\overline{C})$$

となり，最大項の値が関数 $f(A,B,C)$ に反映し，1 の場合は

$$(\overline{A}+B+\overline{C}+f(1,0,1)) = (\overline{A}+B+\overline{C}+1) = 1$$

となり，最大項の値が関数 $f(A,B,C)$ に反映しない。すなわち，$f(A,B,C)$ が 0 になる最大項の AND をとっていることと同じこととなる。

主乗法標準形を導出する。$f(A,B,C)$ に，A に関して展開定理を適用すると

$$f(A,B,C) = (A+f(0,B,C))(\overline{A}+f(1,B,C)) \tag{2.11}$$

である。$f(0,B,C)$，$f(1,B,C)$ に，B に関して展開定理を適用すると

$$f(0,B,C) = (B+f(0,0,C))(\overline{B}+f(0,1,C))$$
$$f(1,B,C) = (B+f(1,0,C))(\overline{B}+f(1,1,C)) \tag{2.12}$$

となる。式 (2.11) に式 (2.12) を代入すると

$$f(A,B,C) = \{A+(B+f(0,0,C))(\overline{B}+f(0,1,C))\}$$
$$\{\overline{A}+(B+f(1,0,C))(\overline{B}+f(1,1,C))\}$$

この式に分配則を適用すると

$$f(A,B,C) = \{A+B+f(0,0,C))(A+\overline{B}+f(0,1,C))\}$$
$$\{\overline{A}+B+f(1,0,C))(\overline{A}+\overline{B}+f(1,1,C))\}$$
$$= (A+B+f(0,0,C))$$
$$(A+\overline{B}+f(0,1,C))$$
$$(\overline{A}+B+f(1,0,C))$$
$$(\overline{A}+\overline{B}+f(1,1,C)) \tag{2.13}$$

この式の $f(0,0,C)$，$f(0,1,C)$，$f(1,0,C)$，$f(1,1,C)$ の C に関して展開定理

を適用すると

$$f(0, 0, C) = (C + f(0, 0, 0))(\overline{C} + f(0, 0, 1))$$
$$f(0, 1, C) = (C + f(0, 1, 0))(\overline{C} + f(0, 1, 1))$$
$$f(1, 0, C) = (C + f(1, 0, 0))(\overline{C} + f(1, 0, 1))$$
$$f(1, 1, C) = (C + f(1, 1, 0))(\overline{C} + f(1, 1, 1)) \tag{2.14}$$

式 (2.13) に式 (2.14) を代入する。

$$\begin{aligned}f(A, B, C) = &(A + B + (C + f(0, 0, 0))(\overline{C} + f(0, 0, 1))) \\ &(A + \overline{B} + (C + f(0, 1, 0))(\overline{C} + f(0, 1, 1))) \\ &(\overline{A} + B + (C + f(1, 0, 0))(\overline{C} + f(1, 0, 1))) \\ &(\overline{A} + \overline{B} + (C + f(1, 1, 0))(\overline{C} + f(1, 1, 1)))\end{aligned} \tag{2.15}$$

この式に分配則を適用すると

$$\begin{aligned}f(A, B, C) = &(A + B + C + f(0, 0, 0))(A + B + \overline{C} + f(0, 0, 1)) \\ &(A + \overline{B} + C + f(0, 1, 0))(A + \overline{B} + \overline{C} + f(0, 1, 1)) \\ &(\overline{A} + B + C + f(1, 0, 0))(\overline{A} + B + \overline{C} + f(1, 0, 1)) \\ &(\overline{A} + \overline{B} + C + f(1, 1, 0))(\overline{A} + \overline{B} + \overline{C} + f(1, 1, 1)) \\ = &(A + B + C + f(0, 0, 0)) \\ &(A + B + \overline{C} + f(0, 0, 1)) \\ &(A + \overline{B} + C + f(0, 1, 0)) \\ &(A + \overline{B} + \overline{C} + f(0, 1, 1)) \\ &(\overline{A} + B + C + f(1, 0, 0)) \\ &(\overline{A} + B + \overline{C} + f(1, 0, 1)) \\ &(\overline{A} + \overline{B} + C + f(1, 1, 0)) \\ &(\overline{A} + \overline{B} + \overline{C} + f(1, 1, 1))\end{aligned}$$

となり，主乗法標準形が得られる。変数が増えても同様の式が得られることは容易に想像つくであろう。

演 習 問 題

【1】 表2.4の真理値表で表される論理関数を主加法標準形と主乗法標準形で表せ。

表2.4

ABC	F
000	1
001	0
010	0
011	0
100	1
101	1
110	0
111	1

【2】 主加法標準形 $F = \overline{A}\,\overline{B}\,\overline{C} + A\overline{B}C + A\,\overline{B}\,\overline{C} + \overline{A}BC$ で表される真理値表を書け。

【3】 $f(A, B, C) = \overline{A}B + A\overline{C} + A\overline{B}C + \overline{B}C + A\overline{B} + \overline{A}BC$ の論理回路を書け。また、真理値表と主加法標準形、主乗法標準形を求めよ。

【4】 $A + B + \overline{A}B + A\overline{B} = A + B$ が成り立つことを証明せよ。また、図2.5のようなベン図を書いて証明が正しいことを理解せよ。

COMPUTER SCIENCE TEXTBOOK SERIES

C3 論理関数の簡単化

すべての論理式は前章で示したように，主加法標準形または主乗法標準形で表すことができる。これらの論理式は，ブール代数の公理や定理を使うことによって簡単化できる場合が多い。簡単な論理式は簡単な論理回路として構成できるので，簡単化すればコンピュータなど論理回路からなるハードウェアを簡単化できる。本章ではこの簡単化手法について述べる。

3.1 カルノー図による主加法標準形の簡単化

主加法標準形で表した論理関数

$$F = ABC + A\overline{B}C$$

は分配則により

$$F = AC(B + \overline{B})$$

となり，ここに否定則を適用すると，$B + \overline{B}$ は1であるので

$$F = AC \cdot 1 = AC$$

となり，論理式が簡単化できる。この関係を論理回路として表したものが図3.1である。図（a）が簡単化前，図（b）が簡単化後である。回路が大きく簡単化されているのを見ることができる。

簡単化は**カルノー図**（Karnaugh map）と呼ばれる図表を使うと非常に簡単にできる。カルノー図とは，隣どうしで $A + \overline{A} = 1$ となる否定則が成り立つように構成した図表である。

図3.2に A，B，C，D，4変数の場合のカルノー図を示す。縦軸では AB の

32 3. 論理関数の簡単化

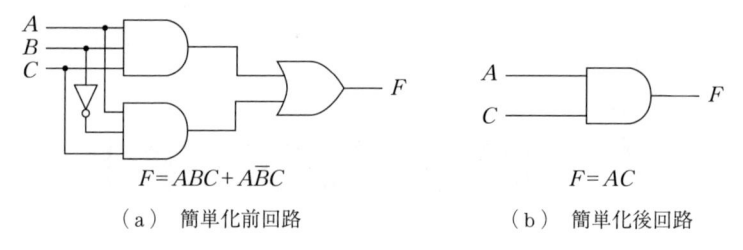

$F = ABC + A\overline{B}C$

（a）簡単化前回路

$F = AC$

（b）簡単化後回路

図3.1 論理回路の簡単化

CD\AB	00	01	11	10
00	$\overline{ABCD}$	$\overline{ABC}D$	$\overline{AB}CD$	$\overline{AB}C\overline{D}$
01	$\overline{A}B\overline{CD}$	$\overline{A}B\overline{C}D$	$\overline{A}BCD$	$\overline{A}BC\overline{D}$
11	$AB\overline{CD}$	$AB\overline{C}D$	$ABCD$	$ABC\overline{D}$
10	$A\overline{B}\,\overline{CD}$	$A\overline{B}\,\overline{C}D$	$A\overline{B}CD$	$A\overline{B}C\overline{D}$

図3.2 4変数 $ABCD$ のカルノー図

値の組み合わせ（すなわち，行は A, B の値）を表し，横軸では CD の値の組み合わせ（すなわち，列は C, D の値）を表す。このとき，隣どうしの1の個数が一つだけ異なるように配置する。このため，縦軸，横軸とも 00, 01, 10, 11 の順ではなく，00, 01, 11, 10 の順番となっている。図の表の中には最小項が書かれているが，簡単化する場合のカルノー図ではここにこの最小項の値（0か1）を書く。

　図の最小項を見ると，隣どうしで否定則により変数が減る関係が保たれているのがわかる。例えば，2行，2列目の $\overline{ABCD}$ と，2行，3列の $\overline{ABC}D$ では，変数 D が否定則により消去できるし（$\overline{ABC}$ になる），2列，2行目の $\overline{ABCD}$ と，2列，3行目の $\overline{A}B\overline{CD}$ では，変数 B を否定則により消去できることがわかる。カルノー図では2行目と5行目も隣接しており，また，2列目と5列目も隣接している。すなわち，この図は両端がつながったドーナッツ状をした図である。

　したがって，2行，2列目の $\overline{ABCD}$ と，5行，2列目の $A\overline{BCD}$ は

$$\overline{ABCD} + A\overline{BCD} = \overline{BCD}(\overline{A} + A) = \overline{BCD}$$

と簡単化され，2行，2列目の $\overline{ABCD}$ と，2行，5列目の $\overline{AB}C\overline{D}$ は

3.1 カルノー図による主加法標準形の簡単化

$$\overline{ABCD} + \overline{AB}C\overline{D} = \overline{AB}D(\overline{C}+C) = \overline{AB}D$$

と簡単化される。このような関係を持つ表は，4変数までは簡単に作ることができるが，それ以上では結構難しい。したがって，カルノー図による簡単化は4変数までの論理式に使われることが多い。

簡単化の例として $F = \overline{ABCD} + \overline{ABC}D$ の場合を考える。この場合のカルノー図は**図3.3**のようになり，ここで1が隣り合っている所（ループ内）が

$$F = \overline{ABCD} + \overline{ABC}D = \overline{ABC}(\overline{D}+D) = \overline{ABC}$$

と簡単化されることがわかる。

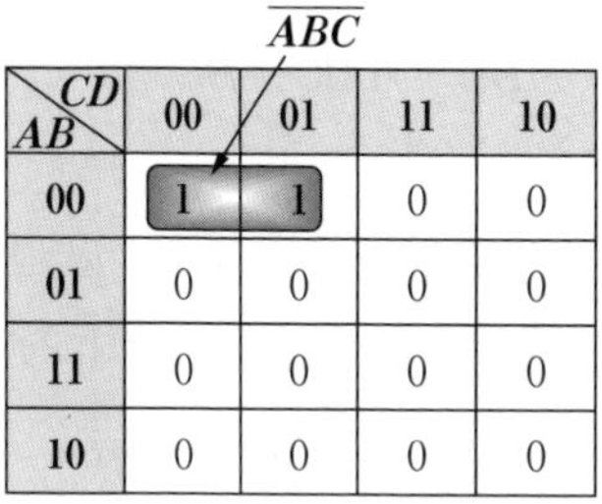

図3.3　$F = \overline{ABCD} + \overline{ABC}D$ のカルノー図

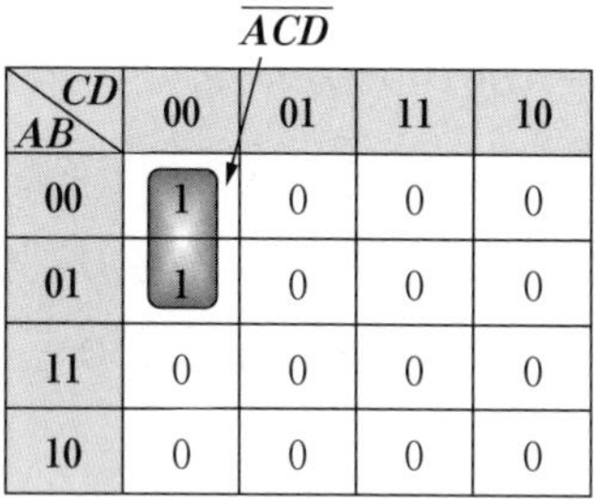

図3.4　$F = ABCD + ABCD$ のカルノー図

また，$F = \overline{ABCD} + \overline{A}B\overline{CD}$ の場合は**図3.4**のようになり

$$F = \overline{ABCD} + \overline{A}B\overline{CD} = \overline{ACD}(\overline{B}+B) = \overline{ACD}$$

と簡単化することができる。

$F = \overline{ABCD} + \overline{ABCD} + \overline{A}B\overline{CD} + \overline{A}B\overline{C}D$ の場合のカルノー図は**図3.5**のようになり

$$\overline{ABCD} + \overline{ABC}D = \overline{ABC}$$
$$\overline{A}B\overline{CD} + \overline{A}B\overline{C}D = \overline{A}B\overline{C}$$
$$\overline{ABC} + \overline{A}B\overline{C} = \overline{AC}$$

より，$\overline{AC}$ と簡単化される。すなわち，カルノー図で1が隣り合っている所とは簡単化できることを示している。

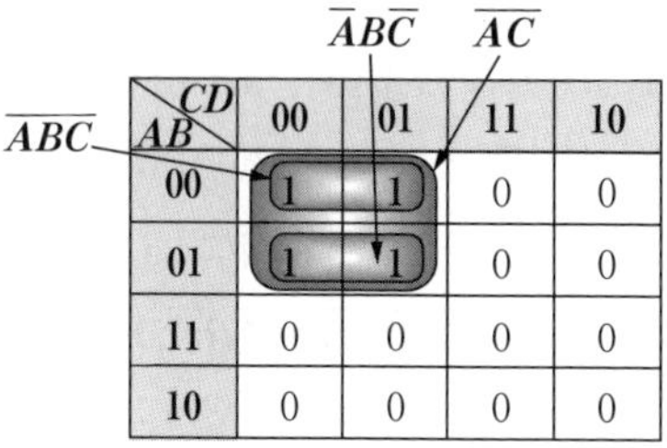

図3.5　$F = \overline{ABCD} + \overline{A}B\overline{CD} + \overline{ABC}D$ $+ \overline{A}B\overline{C}D$ のカルノー図

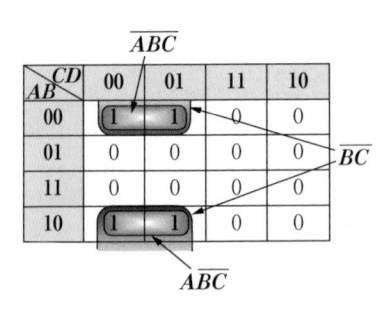

図 3.6 の $F = \overline{ABCD} + \overline{ABC}D + A\overline{BCD} + A\overline{BC}D$ の場合には，2 行目の囲いが

$$\overline{ABCD} + \overline{ABC}D = \overline{ABC}$$

と簡単化されることを表し，5 行目の囲い部分は

$$A\overline{BCD} + A\overline{BC}D = A\overline{BC}$$

と簡単化できることを表している。また，2 行目と 5 行目がつながっていることから，1 の 4 個のかたまりにより

$$\overline{ABC} + A\overline{BC} = \overline{BC}$$

と簡単化することができることを表している。

図 3.7 の $F = \overline{ABCD} + \overline{ABC}D + \overline{A}B\overline{C}D$ の場合は，べき等則の定理を利用して，$\overline{ABC}D = \overline{ABC}D + \overline{ABC}D$ と $\overline{ABC}D$ を 2 度，簡単化のために使う。これにより

$$\begin{aligned} F &= \overline{ABCD} + \overline{ABC}D + \overline{A}B\overline{C}D \\ &= \overline{ABCD} + \overline{ABC}D + \overline{ABC}D \\ &\quad + \overline{A}B\overline{C}D \\ &= \overline{ABC}(\overline{D}+D) + \overline{A}CD(\overline{B}+B) \\ &= \overline{ABC} + \overline{A}CD \end{aligned}$$

と簡単化できることを図は表している。

図 3.6 $F = \overline{ABCD} + \overline{ABC}D + A\overline{BCD} + A\overline{BC}D$ のカルノー図

図 3.7 $F = \overline{ABCD} + \overline{ABC}D + \overline{A}B\overline{C}D$ のカルノー図

論理回路を実現する論理式には，"値が 1 でも 0 でもよい" 最小項を含む場合も多い。この項のことを**ドントケア** (don't care) **項**という。例えば前例の $F = \overline{ABCD} + \overline{ABC}D + \overline{A}B\overline{C}D$ に，$\overline{A}B\overline{C}D$ が 1 でも 0 でもよいドントケア項として含まれているとすると

$$F = \overline{ABCD} + \overline{ABC}D + \overline{A}B\overline{C}D$$

でも

$$F = \overline{ABCD} + \overline{ABC}D + \overline{A}B\overline{C}D + \overline{A}B\overline{C}D$$

でもよいことになる。このような場合は，簡単化のために積極的にドントケア

3.1 カルノー図による主加法標準形の簡単化　　35

項を用いると，より簡単化できる場合が多い。カルノー図ではドントケア項を表すために＊記号を用いる。カルノー図は**図3.8**のようになり，これを1と解釈することにより

$$F = \overline{A}\overline{B}\overline{C}\overline{D} + \overline{A}\overline{B}C\overline{D} + \overline{A}B\overline{C}\overline{D} + \overline{A}B\overline{C}D$$
$$= \overline{A}\overline{C}$$

と簡単化する。

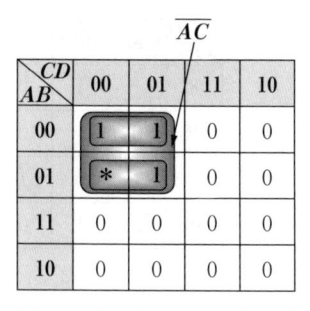

図3.8 ドントケア項を含んだカルノー図

以上より，カルノー図を用いて簡単化する場合のアルゴリズムは以下のようになる。

（1） 以下の（2）を $n = 0, 1, 2, \cdots$ と増やしながら，囲まれてない1がなくなるまで繰り返す。

（2） 2^{n+1} 個以上隣接してなくて，2^n 個が隣接している1をループで囲む。すなわち，最初（$n=0$）は2個以上隣接してない1（すなわち1個）をループで囲む。次（$n=1$）に，4個以上隣接してない2個の隣接1をループで囲む（すなわち，$1, 2, 4, 8, \cdots$ 個）。これを繰り返す。

（3） このようにして求めたループの OR をとる。

このアルゴリズムによる

$$F = \overline{A}\overline{B}\overline{C}\overline{D} + \overline{A}\overline{B}CD + \overline{A}B\overline{C}\overline{D} + A\overline{B}\overline{C}\overline{D} + AB\overline{C}\overline{D} + ABCD + A\overline{B}\overline{C}D$$
$$+ A\overline{B}CD + A\overline{B}\overline{C}\overline{D}$$

の簡単化を示したのが**図3.9**である。最初に図（a）のように単独1をループで囲む。次に，図（b）のように4個以上にならない2個の1をループで囲む。次に，図（c）のように8個でない4個の1をループで囲む。

これにより

$$F = \overline{A}\overline{B}\overline{C}\overline{D} + \overline{A}\overline{B}CD + \overline{A}B\overline{C}\overline{D} + A\overline{B}\overline{C}\overline{D} + AB\overline{C}\overline{D} + ABCD + A\overline{B}\overline{C}D$$
$$+ A\overline{B}CD + A\overline{B}\overline{C}\overline{D}$$

は次のように簡単化される。

$$F = \overline{B}\overline{C} + \overline{A}CD + A\overline{C}\overline{D} + A\overline{B}D + ABCD + A\overline{B}\overline{C}\overline{D}$$

36   3. 論理関数の簡単化

CD AB	00	01	11	10
00	1	1	0	0
01	0	1	0	1
11	1	0	1	0
10	1	1	0	1

（a） $n=0$

CD AB	00	01	11	10
00	1	1	0	0
01	0	1	0	1
11	1	0	1	0
10	1	1	0	1

（b） $n=1$

CD AB	00	01	11	10
00	1	1	0	0
01	0	1	0	1
11	1	0	1	0
10	1	1	0	1

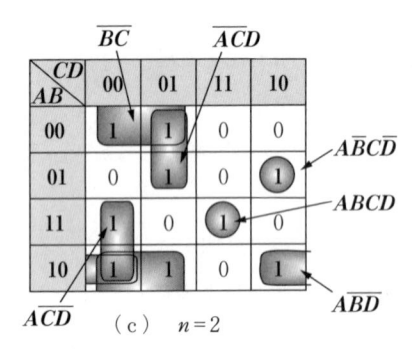

（c） $n=2$

図 3.9　カルノー図による簡単化アルゴリズム

【例題 3.1】

次の論理式を簡単化せよ。

$$F = \overline{ABC} + \overline{AC}D + \overline{A}\,\overline{B}\,\overline{CD}$$

[解答]

この場合はすでに一部が簡単化され，最小項による主加法標準形とはなっていない。したがって，最初に主加法標準形に直して，カルノー図により簡単化を行う。

$$\begin{aligned}
F &= \overline{ABC} + \overline{AC}D + \overline{A}\,\overline{B}\,\overline{CD} \\
&= \overline{ABC}(\overline{D}+D) + \overline{AC}D(\overline{B}+B) + \overline{A}\,\overline{B}\,\overline{CD} \\
&= \overline{ABCD} + \overline{ABC}D + \overline{AC}D + \overline{A}\,\overline{B}\,\overline{CD} \\
&\quad + \overline{A}\,\overline{B}\,\overline{CD} \\
&= \overline{ABCD} + \overline{ABC}D + \overline{A}\,\overline{B}\,\overline{C}D + \overline{A}\,\overline{B}\,\overline{CD}
\end{aligned}$$

これからカルノー図は図 3.10 のようになり

$$\begin{aligned}
F &= \overline{ABCD} + \overline{ABC}D + \overline{A}\,\overline{B}\,\overline{C}D + \overline{A}\,\overline{B}\,\overline{CD} \\
&= \overline{AC}
\end{aligned}$$

と簡単化できる。　　　　　◇

CD AB	00	01	11	10
00	1	1	0	0
01	1	1	0	0
11	0	0	0	0
10	0	0	0	0

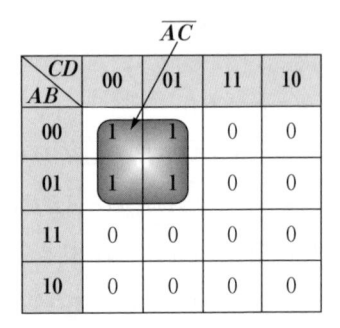

図 3.10　カルノー図

3.2 カルノー図による主乗法標準形の簡単化

主乗法標準形によって表される論理関数，例えば
$$F=(A+B)(A+\overline{B})$$
は分配則と否定則により
$$F=(A+B)(A+\overline{B})$$
$$=A+B\overline{B}$$
$$=A$$
と簡単化することができる。

主乗法標準形で使うカルノー図も，この関係が用いられるように隣どうしで1の数が一つだけ異なるように構成する。

例えば，**図3.11**のループ1の最大項 $A+B+C+D$, $A+B+C+\overline{D}$ の値が0であれば
$$(A+B+C+D)(A+B+C+\overline{D})=((A+B+C)+D))((A+B+C)+\overline{D})$$
$$=(A+B+C)+D\overline{D}$$
$$=A+B+C$$
と D を消去できるし，ループ2では

CD\AB	00	01	11	10
00	$A+B+C+D$	$A+B+C+\overline{D}$	$A+B+\overline{C}+\overline{D}$	$A+B+\overline{C}+D$
01	$A+\overline{B}+C+D$	$A+\overline{B}+C+\overline{D}$	$A+\overline{B}+\overline{C}+\overline{D}$	$A+\overline{B}+\overline{C}+D$
11	$\overline{A}+\overline{B}+C+D$	$\overline{A}+\overline{B}+C+\overline{D}$	$\overline{A}+\overline{B}+\overline{C}+\overline{D}$	$\overline{A}+\overline{B}+\overline{C}+D$
10	$\overline{A}+B+C+D$	$\overline{A}+B+C+\overline{D}$	$\overline{A}+B+\overline{C}+\overline{D}$	$\overline{A}+B+\overline{C}+D$

ループ2，ループ1，ループ4，$A+\overline{C}$，$\overline{A}+\overline{C}$，$\overline{C}$，ループ3

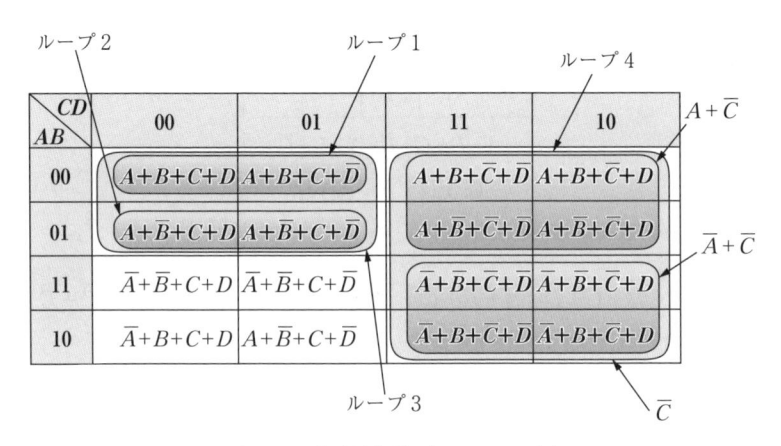

図3.11 主乗法標準形のカルノー図

38   3. 論理関数の簡単化

$$(A+\overline{B}+C+D)(A+\overline{B}+C+\overline{D}) = ((A+\overline{B}+C)+D))((A+\overline{B}+C)+\overline{D})$$
$$= (A+\overline{B}+C)+D\overline{D}$$
$$= A+\overline{B}+C$$

となり，ループ3ではループ1とループ2のANDをとることにより

$$(A+B+C)(A+\overline{B}+C) = A+C+B\overline{B}$$
$$= A+C$$

と簡単化できる。ループ4では同様の手続きを繰り返して

$$(A+\overline{C})(\overline{A}+\overline{C}) = \overline{C}$$

と簡単化できる。当然このカルノー図でも両端の1の数は一つだけ異なるので，上下，右左端がつながったドーナツ状の表になっている。

$(A+B+C+\overline{D})=0$, $(A+B+\overline{C}+\overline{D})=0$ のとき0となる関数のカルノー図は図3.12のようになり，この図の0が隣り合っている所から

$$F=(A+B+C+\overline{D})(A+B+\overline{C}+\overline{D}) = A+B+\overline{D}$$

と簡単化することができる。

$A+B+\overline{D}$

CD\AB	00	01	11	10
00	1	0	0	1
01	1	1	1	1
11	1	1	1	1
10	1	1	1	1

$F=(A+B+C+\overline{D})(A+B+\overline{C}+\overline{D})$

図3.12 カルノー図

また

$$F=(A+B+C+\overline{D})(A+B+\overline{C}+\overline{D})(A+\overline{B}+C+\overline{D})(A+\overline{B}+\overline{C}+\overline{D})$$

では図3.13に示すカルノー図から

$$F=A+\overline{D}$$

と簡単化できる。

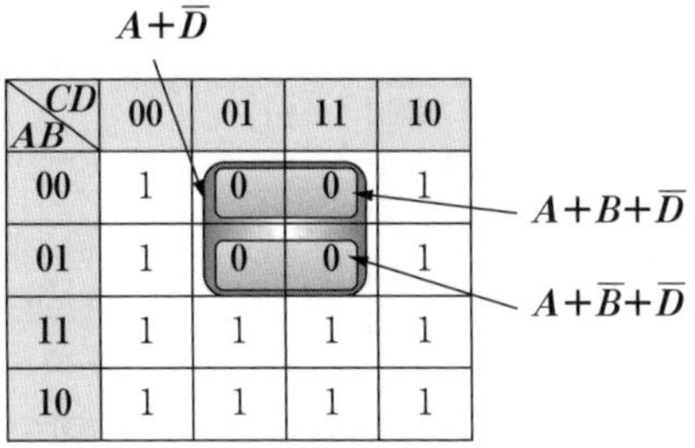

3.2 カルノー図による主乗法標準形の簡単化

$A+\overline{D}$

CD AB	00	01	11	10
00	1	0	0	1
01	1	0	0	1
11	1	1	1	1
10	1	1	1	1

— $A+B+\overline{D}$
— $A+\overline{B}+\overline{D}$

$F=(A+B+C+\overline{D})(A+B+\overline{C}+\overline{D})(A+\overline{B}+C+\overline{D})(A+\overline{B}+\overline{C}+\overline{D})$

図 3.13 カルノー図

例として，$F=(A+B+\overline{C})(A+\overline{B}+C)(A+\overline{B}+\overline{C})(\overline{A}+\overline{B}+\overline{C})$ を

(1) 公理と定理を用いて簡単化し
(2) カルノー図を書いて簡単化し
(3) 簡単化結果が正しいことを，すべての変数に 0, 1 を代入することによって確かめよう。

(1) 式による簡単化

$$F=(A+B+\overline{C})(A+\overline{B}+C)(A+\overline{B}+\overline{C})(\overline{A}+\overline{B}+\overline{C})$$

べき等則により

$$=(A+B+\overline{C})(A+\overline{B}+\overline{C})(A+\overline{B}+C)(A+\overline{B}+\overline{C})(A+\overline{B}+\overline{C})$$
$$(\overline{A}+\overline{B}+\overline{C})$$
$$=((A+\overline{C})+B))((A+\overline{C})+\overline{B})((A+\overline{B})+C))((A+\overline{B})+\overline{C}))$$
$$((A+(\overline{B}+\overline{C}))((\overline{A}+(\overline{B}+\overline{C}))$$

分配則により

$$=((A+\overline{C})+B\overline{B})((A+\overline{B})+C\overline{C}))((A\overline{A}+(\overline{B}+\overline{C}))$$

否定則により

$$=(A+\overline{C})(A+\overline{B})(\overline{B}+\overline{C})$$

と簡単化される。

(2) カルノー図による簡単化

カルノー図は**図 3.14** のようになり，簡単化は図のように行われる。

40　　3. 論理関数の簡単化

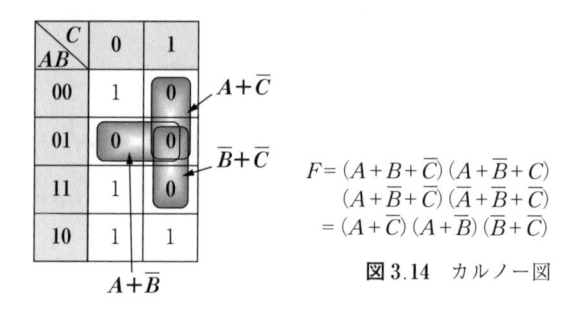

$$F = (A+B+\overline{C})(A+\overline{B}+C)$$
$$(A+\overline{B}+\overline{C})(\overline{A}+\overline{B}+\overline{C})$$
$$= (A+\overline{C})(A+\overline{B})(\overline{B}+\overline{C})$$

図 3.14　カルノー図

（3）　代入による検証

　　各変数の値に対する最大項，簡単化項の値，もとの関数値，簡単化関数値は**表3.1**のようになり，簡単化した関数はもとの関数と同じであることがわかる。

表 3.1　関数と変数表

ABC	もとの関数								簡単化した関数			
	$\overline{A}+\overline{B}+\overline{C}$	$\overline{A}+\overline{B}+C$	$\overline{A}+B+\overline{C}$	$\overline{A}+B+C$	$A+\overline{B}+\overline{C}$	$A+\overline{B}+C$	$A+B+\overline{C}$	$A+B+C$	$(A+B+\overline{C})(A+\overline{B}+C)$ $(A+\overline{B}+\overline{C})(\overline{A}+\overline{B}+\overline{C})$	$A+\overline{C}$	$A+\overline{B}$	$\overline{B}+\overline{C}$	$(A+\overline{C})(A+\overline{B})(\overline{B}+\overline{C})$
000	1	1	1	1	1	1	1	0	1	1	1	1	1
001	1	1	1	1	1	1	0	1	0	0	1	1	0
010	1	1	1	1	1	0	1	1	0	1	0	1	0
011	1	1	1	1	0	1	1	1	0	1	0	1	0
100	1	1	1	0	1	1	1	1	1	1	1	1	1
101	1	1	0	1	1	1	1	1	1	1	1	1	1
110	1	0	1	1	1	1	1	1	1	1	1	1	1
111	0	1	1	1	1	1	1	1	0	1	1	0	0

3.3　クワイン・マクラスキー法による簡単化

　カルノー図による簡単化は直感的でわかりやすいが，変数が5以上になると表の作り方が難しくなり，また簡単化も難しくなる。

　クワイン・マクラスキー法と呼ばれる簡単化法は，$F = AC(B+\overline{B}) = AC$ のような否定則を用いて簡単化するのでその原理は変わらないが，このような関

3.3 クワイン・マクラスキー法による簡単化

係を体系的に探していくところが特徴である。その手続きは変数の数とは基本的には関係しないので，変数の数が増えた場合でも問題なくクワイン・マクラスキー法で簡単化できる。コンピュータで取り扱えるのも大きな特徴である。

クワイン・マクラスキー法では否定則を使いやすくするために，最小項を肯定項の数によって分類する。そして，1だけ肯定項の数が異なる項どうしを比べ，否定則によって簡単化する。これを簡単化ができなくなるまで繰り返す。

表 3.2 に示す真理値表で表される論理関数

$$F = \overline{ABCD} + \overline{A}BC\overline{D} + A\overline{BCD} + A\overline{B}C\overline{D} + A\overline{BC}\overline{D} + AB\overline{CD} + ABCD$$

を例にしてクワイン・マクラスキー法を説明する。表ではドントケア項（＊印）が四つ存在するので，この値を1として簡単化のために利用する。

表3.2の F が1の所と＊の最小項を取り出し，肯定変数の数によって並べたものが，**図 3.15**（a）である。この表でドントケア項は説明の都合上，太字で表してある。この表で肯定変数が1違う所の最小項を比べ簡単化する。

簡単化したものが図（b）である。このとき簡単化に寄与した最小項にはチェック点レをつける。

次に，図（b）の簡単化結果を再び図（c）のように肯定変数の数によって分ける。この表上で再び肯定変数が1だけ異なる項どうしを比較し簡単化する。その結果が図（d）である。

この結果を肯定変数の数によって分けたのが図（e）である。

図（e）の結果はこれ以上簡単化できないので，この手続きはこれで終わる。以上の簡単化の過程でチェックがつかなかったものは主項と呼ばれる。

表 3.2　真理値表

ABCD	F	最小項
0000	1	$\overline{ABCD}$
0001	＊	$\overline{ABC}D$
0010	0	$\overline{AB}C\overline{D}$
0011	0	$\overline{AB}CD$
0100	0	$\overline{A}B\overline{CD}$
0101	＊	$\overline{A}B\overline{C}D$
0110	1	$\overline{A}BC\overline{D}$
0111	＊	$\overline{A}BCD$
1000	1	$A\overline{BCD}$
1001	1	$A\overline{BC}D$
1010	1	$A\overline{B}C\overline{D}$
1011	0	$A\overline{B}CD$
1100	1	$AB\overline{CD}$
1101	0	$AB\overline{C}D$
1110	＊	$ABC\overline{D}$
1111	1	$ABCD$

次に，主項を縦に並べ，表3.2で $F=1$ となる最小項を横に並べた**主項表**と呼ばれる表（**表 3.3**）を作る。そして，最小項から出てきた主項にはその交点

3. 論理関数の簡単化

肯定変数数	最小項
0	$\overline{ABCD}$ レ
1	$\overline{A}\overline{B}\overline{C}D$ レ
	$\overline{A}\overline{B}C\overline{D}$ レ
2	$\overline{A}B\overline{C}\overline{D}$ レ
	$\overline{A}BC\overline{D}$ レ
	$A\overline{B}C\overline{D}$ レ
	$A\overline{B}\overline{C}D$ レ
	$AB\overline{C}\overline{D}$ レ
3	$\overline{A}BCD$ レ
	$ABC\overline{D}$ レ
4	$ABCD$ レ

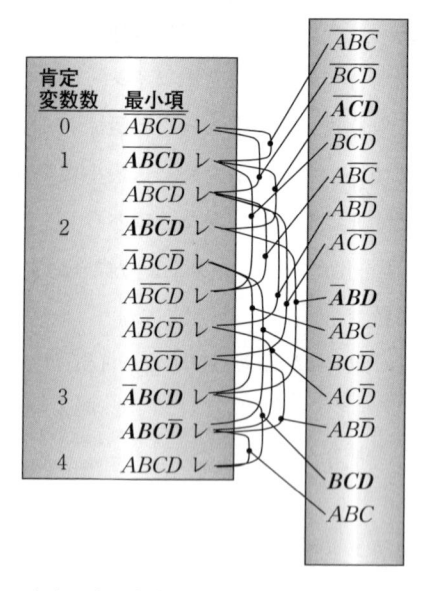

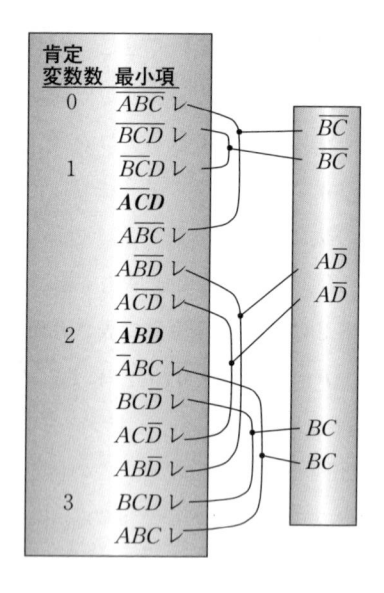

(a) 肯定変数の数によって並べる

$\overline{ABC}$	
$\overline{BCD}$	
$\overline{A}C\overline{D}$	
$\overline{B}C\overline{D}$	
$\overline{ABC}$	
$\overline{A}B\overline{D}$	
$A\overline{C}\overline{D}$	
$\overline{A}BD$	
$\overline{A}BC$	
$BC\overline{D}$	
$AC\overline{D}$	
$AB\overline{D}$	
BCD	
ABC	

(b) 1回目の簡単化

肯定変数数	最小項
0	$\overline{ABC}$ レ
	$\overline{BCD}$ レ
1	$\overline{B}C\overline{D}$ レ
	$\overline{A}C\overline{D}$
	$\overline{A}B\overline{C}$
	$\overline{A}B\overline{D}$
	$A\overline{C}\overline{D}$
2	$\overline{A}BD$
	$\overline{A}BC$
	$BC\overline{D}$ レ
	$AC\overline{D}$
	$AB\overline{D}$
3	BCD レ
	ABC レ

(c) 肯定変数の数によって並べる

$\overline{BC}$
$\overline{BC}$
$A\overline{D}$
$A\overline{D}$
BC
BC

(d) 2回目の簡単化

肯定変数数	最小項
0	$\overline{BC}$
1	$A\overline{D}$
2	BC

(e) 肯定変数の数によって並べる。3回目の簡単化はなし

図 3.15 クワイン・マクラスキー法による簡単化

表 3.3 主項表による簡単化

主項＼最小項	$\overline{ABCD}$	$\overline{A}\overline{B}\overline{C}D$	$\overline{A}\overline{B}C\overline{D}$	$\overline{A}B\overline{C}\overline{D}$	$A\overline{B}C\overline{D}$	$AB\overline{C}\overline{D}$	$ABCD$	
$\overline{A}C\overline{D}$								ドントケアから出てきたもの
$\overline{A}B\overline{D}$								〃
$\overline{BC}$	レ(必)		レ	レ				$\overline{ABCD}$ を表現するための必須項
$A\overline{D}$				レ	レ(必)	レ(必)		$A\overline{B}C\overline{D}, AB\overline{C}\overline{D}$ を表現するための必須項
BC		レ(必)					レ(必)	$\overline{A}\overline{B}C\overline{D}, ABCD$ を表現するための必須項

3.3 クワイン・マクラスキー法による簡単化

にチェックをつける（例えば，主項 BC の場合は $\overline{A}BC\overline{D}$, $ABCD$）。

この表では，チェック記号レがついた行の主項は，その列の最小項から簡単化の結果出てきたものであることを表す．例えば，主項 $A\overline{D}$ は $A\overline{BCD}$, $A\overline{B}C\overline{D}$ と $AB\overline{CD}$ からの簡単化結果として出てきている．

チェックがついてない行の主項（$\overline{ACD}$, $\overline{A}BD$）は表 3.2 で $F=1$ の最小項には無関係であり，ドントケア項のみの簡単化結果として出てきていることを表している．このことは図 3.15 の簡単化の太字で表した項をみるとよくわかる．簡単化の目的は $F=1$ の最小項からなる論理式（主加法標準形）を簡単化することであるので，ドントケア項から出てきた $\overline{ACD}$, $\overline{A}BD$ は無視する．

求める簡単化結果は，最小項をすべて含むようにチェックがついている主項を選び，選んだ主項を OR することで得られる．

各列でレが一つだけしかない主項は（"レ（必）"で表した），その列の最小項の簡単化から出てきた唯一の主項であることを表す．これは**必須主項**と呼ばれ，簡単化結果に必ず含まなければならない主項である．$\overline{BC}$ は最小項 $\overline{ABCD}$ と $A\overline{BCD}$, $\overline{A}B\overline{CD}$ の簡単化結果として表れており，$A\overline{D}$ は $A\overline{BCD}$, $A\overline{B}C\overline{D}$, $AB\overline{CD}$ の簡単化結果として，BC は $\overline{A}BC\overline{D}$, $ABCD$ の簡単化結果として表れているので，必須主項 $\overline{BC}$, $A\overline{D}$, BC の OR をとるだけで，すべての最小項から出てきた簡単化結果が得られることがわかる．したがって，簡単化結果は

$$F = \overline{BC} + A\overline{D} + BC$$

となる．

参考までにカルノー図による簡単化を**図 3.16**に示す．これをクワイン・マクラスキー法と見比べると，クワイン・マクラスキー法の手続きの意味がよくわかるはずである．

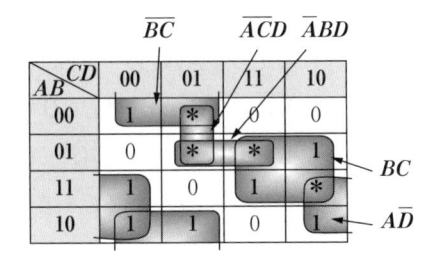

図 3.16　カルノー図による簡単化

3.4 コンセンサス法による簡単化

いま，任意の論理式，例えば AB と $\overline{B}C$ があるとき，AC をこれらの**コンセンサス**と呼び，$\mathrm{cons}(AB, \overline{B}C)$ と書く。コンセンサスには，元の式とコンセンサスの論理和をとってもその値は変わらないという性質がある。例えば，$F = AB + \overline{B}C$ のとき

$$AB + \overline{B}C = AB + \overline{B}C + \mathrm{cons}(AB, \overline{B}C)$$

である。このことは

$$\begin{aligned}
AB + \overline{B}C + \mathrm{cons}(AB, \overline{B}C) &= AB + \overline{B}C + AC \\
&= AB + \overline{B}C + A(B + \overline{B})C \\
&= AB + \overline{B}C + ABC + A\overline{B}C \\
&= AB(1 + C) + \overline{B}C(1 + A) \\
&= AB + \overline{B}C
\end{aligned}$$

と証明することができる。

〔例〕 $F = \overline{ABCD} + \overline{A}B\overline{CD} + A\overline{BCD} + A\overline{BC}D$ をコンセンサス法で簡単化する。

$$\mathrm{cons}(\overline{ABCD}, \overline{A}B\overline{CD}) = \overline{ACD}, \quad \mathrm{cons}(A\overline{BCD}, A\overline{BC}D) = A\overline{BC}$$

$$\begin{aligned}
F &= \overline{ABCD} + \overline{A}B\overline{CD} + A\overline{BCD} + A\overline{BC}D + \mathrm{cons}(\overline{ABCD}, \overline{A}B\overline{CD}) \\
&\quad + \mathrm{cons}(A\overline{BCD}, A\overline{BC}D) \\
&= \overline{ABCD} + \overline{A}B\overline{CD} + A\overline{BCD} + A\overline{BC}D + \overline{ACD} + A\overline{BC} \\
&= \overline{ABCD} + \overline{ACD} + \overline{A}B\overline{CD} + \overline{ACD} + A\overline{BCD} + A\overline{BC} + A\overline{BC}D + A\overline{BC} \\
&= \overline{ACD}(\overline{B} + 1) + \overline{ACD}(B + 1) + A\overline{BC}(\overline{D} + 1) + A\overline{BC}(D + 1) \\
&= \overline{ACD} + \overline{ACD} + A\overline{BC} + A\overline{BC} \\
&= \overline{ACD} + A\overline{BC}
\end{aligned}$$

演 習 問 題

【1】 論理式 $F = \overline{AB}CD + \overline{ABC}D + \overline{A}\,\overline{B}\,\overline{C}D + A\,\overline{B}\,\overline{C}\,\overline{D} + AB\,\overline{C}D + ABCD + A\,\overline{B}CD$
$+ A\,\overline{B}\,\overline{C}D + \overline{A}BCD$ をカルノー図を用いて簡単化せよ。

【2】 論理式 $\overline{AB}\,\overline{C} + A\,\overline{B}D + \overline{C}D + A\,\overline{D}$ のカルノー図を書け。また，簡単化できるなら簡単化せよ。

【3】 $F = A\,\overline{B}C + A\,\overline{B}C + BC + \overline{A}BC + \overline{A}\,\overline{B}\,\overline{C} + A\,\overline{C}$ をカルノー図を用いて簡単化せよ。

【4】 $F = \overline{ABCD} + \overline{ABC}D + \overline{A}\,\overline{B}CD + \overline{A}B\,\overline{C}D + AB\,\overline{C}D + A\,\overline{B}CD + ABCD + A\,\overline{B}CD$
$+ A\,\overline{B}CD + A\,\overline{B}C\,\overline{D}$ について，次の問に答えよ。
  （1） 公理と定理を使って簡単化せよ。
  （2） カルノー図によっても簡単化し，式による簡単化とカルノー図による簡単化の関係を対比せよ。

【5】 【4】のカルノー図から主乗法標準形を求め，簡単化せよ。

【6】 $F = (A + B + \overline{C} + \overline{D})(A + B + \overline{C} + D)(A + \overline{B} + C + D)(A + \overline{B} + \overline{C} + \overline{D})(\overline{A} + \overline{B} + \overline{C}$
$+ D)(\overline{A} + \overline{B} + C + D)(\overline{A} + B + \overline{C} + \overline{D})$ を公理と定理を用いて簡単化し，カルノー図を用いた簡単化で正しいことを確かめよ。

【7】 表3.4で表される論理関数をクワイン・マクラスキー法を使って主加法標準形の簡単化を行え。

表3.4

ABCD	F	最小項
0000	1	$\overline{ABCD}$
0001	*	$\overline{ABC}D$
0010	0	$\overline{AB}C\overline{D}$
0011	*	$\overline{AB}CD$
0100	0	$\overline{A}B\overline{CD}$
0101	*	$\overline{A}B\overline{C}D$
0110	1	$\overline{A}BC\overline{D}$
0111	*	$\overline{A}BCD$
1000	1	$A\overline{BCD}$
1001	1	$A\overline{BC}D$
1010	1	$A\overline{B}C\overline{D}$
1011	*	$A\overline{B}CD$
1100	1	$AB\overline{CD}$
1101	0	$AB\overline{C}D$
1110	*	$ABC\overline{D}$
1111	1	$ABCD$

4 いろいろな組合せ論理回路

これまでの理論を元にして実際の応用に使うべき多くの論理回路が開発されている。ここでは，これらの論理回路の基本的なものについて述べる。

4.1 正論理と負論理，論理回路と基本素子

論理回路や論理素子は実際には電子回路によって作られ，0，1は，電圧が高いか（**H レベル**），低いか（**L レベル**）の2信号を用いることによって実現される。L レベルを0に，H レベルを1に当てはめる論理回路を**正論理論理回路**または**正論理回路**，H レベルに0，L レベルに1を割り当てる論理回路を**負論理論理回路**または**負論理回路**と呼ぶ。

例えば，正論理 AND 素子は，入力 A, B がともに H レベルのとき，出力に H レベルを出力する素子であるのに対し，負論理 AND 素子は，入力 A, B がともに L レベルのとき，出力に L レベルを出力する素子である。0 または1のどちらに意味を持たせるかの違いと考えてもよい。

負論理回路素子は，図 4.1 に示すように入出力端に丸印をつけることによって表す。実際の論理素子は電子回路で作られる（9章参照）ので，正論理の入力信号に対して負論理出力信号や，またその逆の回路を構成するほうが容易である場合も少なくない。この場合の回路を **NAND 回路**（ナンド回路，図（e）），**NOR 回路**（ノア回路，図（g））という。負論理の NAND 回路（図（f））や NOR 回路（図（h））もよく使われる。

正負論理の真理値表を書くと図 4.2（a），（b）のようになる。この表から

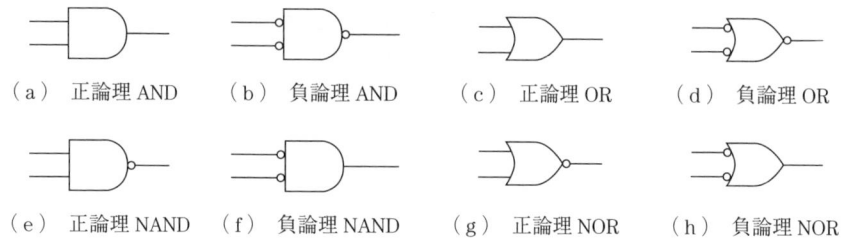

4.1 正論理と負論理,論理回路と基本素子　47

（a）正論理 AND　（b）負論理 AND　（c）正論理 OR　（d）負論理 OR

（e）正論理 NAND　（f）負論理 NAND　（g）正論理 NOR　（h）負論理 NOR

図 4.1 正負論理回路の基本記号

入力	正論理 AND	負論理 OR
00	0	0
01	0	0
10	0	0
11	1	1

入力	正論理 OR	負論理 AND
00	0	0
01	1	1
10	1	1
11	1	1

入力	正論理 NAND	負論理 NOR
00	1	1
01	1	1
10	1	1
11	0	0

入力	正論理 NOR	負論理 NAND
00	1	1
01	0	0
10	0	0
11	0	0

（a）正負論理 AND と OR の真理値表　　（b）正負論理 NAND と NOR の真理値表

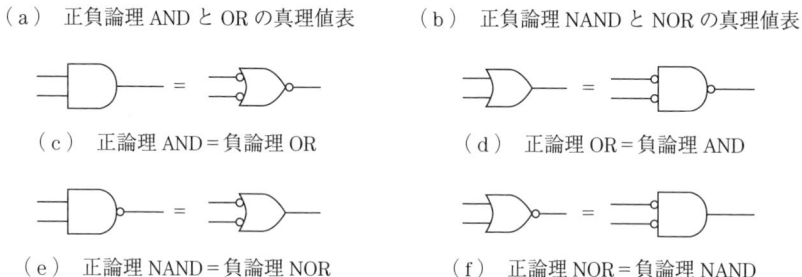

（c）正論理 AND = 負論理 OR　　（d）正論理 OR = 負論理 AND

（e）正論理 NAND = 負論理 NOR　　（f）正論理 NOR = 負論理 NAND

図 4.2 正負論理回路の真理値表と等価性

正論理の AND 素子は負論理の OR 素子として使え，正論理の OR 素子は負論理の AND 素子として使えることがわかる．また，正論理 NAND 素子は負論理 NOR 素子として，正論理の NOR 素子は負論理の NAND 素子として使えることがわかる．すなわち，図 4.2（c）から図（f）に示すように，記号は異なっていても素子としては同じものである．

図 4.3（a）は正論理回路で，$F = AB + A\overline{B}$ を表す回路である．負論理では図（b）のようになる．AND 回路や NAND 回路，OR 回路，NOR 回路を使うことによって，正論理回路と負論理回路はミックスして使われる場合も多い．

図（c）は正論理と負論理をミックスして作った論理回路である．両端回路が正論理，中央部分が負論理となっている．負論理部分では結線の両端が○に

(a) 正論理回路　　$F = AB + A\overline{B}$

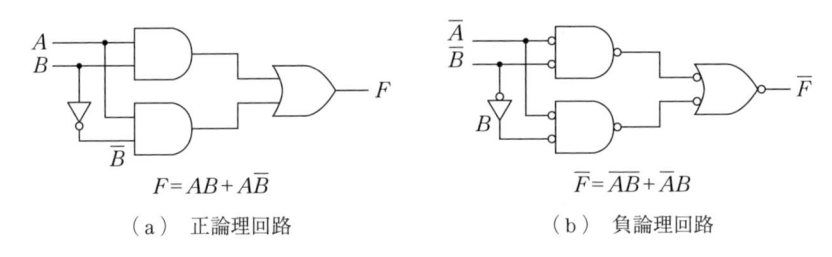

(b) 負論理回路　　$\overline{F} = \overline{AB} + \overline{A}B$

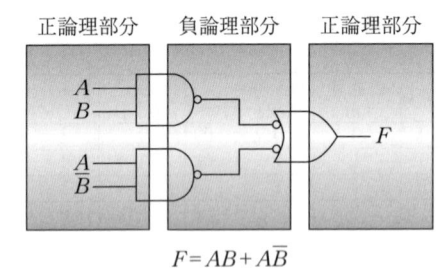

(c) 正負論理ミックス論理回路　　$F = AB + A\overline{B}$

図 4.3　正負論理回路

なっている．このように正論理と負論理をミックスして使うことによって，論理回路を構成する電子回路が簡単になったり，消費電力が減ったりする場合も多い．

4.2　排他的論理和回路

　入力信号が互いに異なるとき真になる論理を**排他的論理和**と呼び，**XOR**（Exclusive OR）と書く．排他的論理和の真理値表は**図 4.4**（a）のようになる．入力が異なるときのみ F は 1 になっている．この真理値表から論理式は $F = A\overline{B} + \overline{A}B$ となり，論理回路は図（b）のようになる．

　排他的論理和 XOR は AND 演算や OR 演算と同じように基本演算と考えられており，この演算を表すのに ⊕ 記号を用いる．XOR 素子の記号は図（c）のように表される．

4.3 半加算器，全加算器

A	B	F
0	0	0
0	1	1
1	0	1
1	1	0

$F = A\overline{B} + \overline{A}B$
$= A \oplus B$

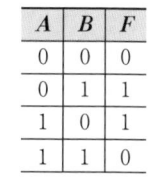

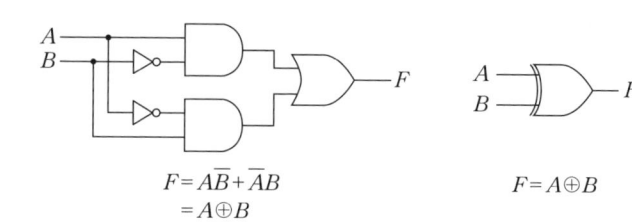

$F = A \oplus B$

（a）排他的論理和 真理値表　　（b）排他的論理和回路　　（c）排他的論理和記号

図 4.4　排他的論理和

4.3 半加算器，全加算器

2進数の1ビットの加算を行う回路で，下位桁からの桁上げ（C_n）を考慮しないものを**半加算器**（**HA**：half adder），考慮するものを**全加算器**（**FA**：full adder）と呼ぶ。半加算器における演算は**図 4.5**（a）のように行われるので，これから真理値表は図（b）のようになる。C は桁上げ（キャリー）である。

これから半加算器の論理式は

$$S = \overline{A}B + A\overline{B} = A \oplus B$$

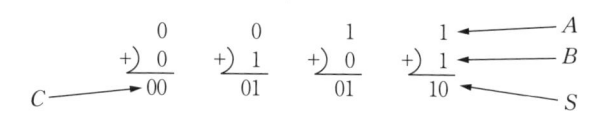

```
     0       0       1       1  ← A
  +) 0    +) 1    +) 0    +) 1  ← B
  ────    ────    ────    ────
C→  00      01      01      10  ← S
```

（a）半加算器1ビットの加算

S A\B	0	1
0	0	1
1	1	0

C A\B	0	1
0	0	0
1	0	1

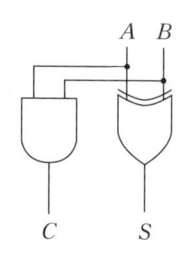

（b）半加算器の真理値表　　（c）半加算器回路

図 4.5　半加算器（HA）

$C = AB$

となる。この式から回路を図（c）のように構成することができる。

全加算器の場合は，各桁 A，B の入力と下位桁からの桁上がり C_n の加算が，図4.6（a）のように行われる。この計算から，和 S と上位桁への桁上がり C_{n+1} の真理値表は図（b）のようになる。

```
A         0     0     0     0     1     1     1     1
B         0     0     1     1     0     0     1     1
Cn      +) 0  +) 1  +) 0  +) 1  +) 0  +) 1  +) 0  +) 1
Cn+1 S    00    01    01    10    01    10    10    11
```

（a）全加算器1ビットの加算

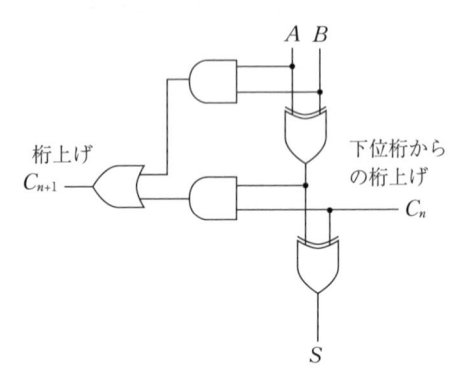

（b）全加算器の真理値表　　　　（c）全加算器回路（FA）

図4.6　全加算器

これから，全加算器の加算結果 S を表す論理式は

$$S = \overline{A}\overline{B}C_n + \overline{A}B\overline{C_n} + ABC_n + A\overline{B}\overline{C_n}$$
$$= (\overline{A}B + A\overline{B})\overline{C_n} + (\overline{AB} + AB)C_n$$
$$= (\overline{A}B + A\overline{B})\overline{C_n} + (\overline{\overline{A}B + A\overline{B}})C_n$$
$$= A \oplus B \cdot \overline{C_n} + \overline{A \oplus B} \cdot C_n = A \oplus B \oplus C_n$$

上位桁への桁上げ C_{n+1} は

$$C_{n+1} = AB + BC_n + AC_n$$
$$= AB(C_n + \overline{C_n}) + (A + \overline{A})BC_n + A(B + \overline{B})C_n$$

$$= ABC_n + AB\overline{C_n} + (\overline{A}B + A\overline{B})C_n$$
$$= AB + (\overline{A}B + A\overline{B})C_n$$
$$= AB + (A \oplus B)C_n$$

と求められる。

この式から，XOR を用いた論理回路を構成すると図（c）のようになる。

4.4 比 較 器

データの大小を比べる回路を**比較器**と呼ぶ。ここでは，例として2桁の2進数 A_1A_0，B_1B_0 の大小を判別する比較器を設計する。ここでは，$A_1A_0 \geqq B_1B_0$ のとき $G=1$，$A_1A_0 < B_1B_0$ のとき $G=0$ を出力するとする。

この場合のカルノー図は**図4.7**（a）のようになり，ここから
$$G = A_1\overline{B_1} + A_1\overline{B_0} + A_1A_0 + A_0\overline{B_1} + \overline{B_1}\overline{B_0}$$
と比較器の論理式が求まる。この式より回路図は図（b）のようになる。

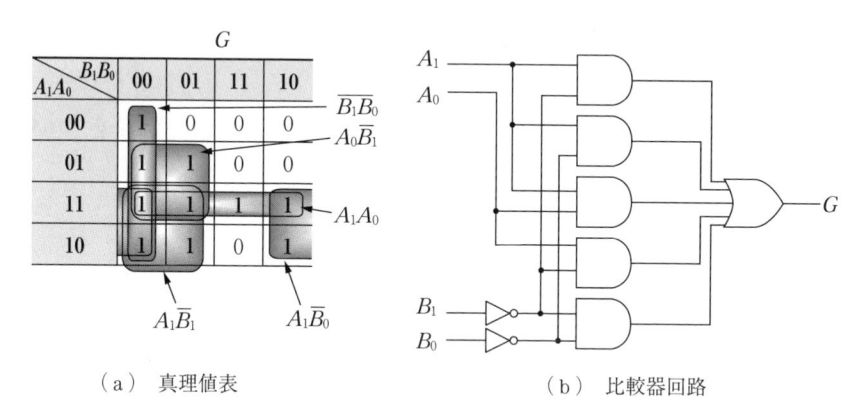

（a） 真理値表　　　　　　（b） 比較器回路

図4.7 比 較 器

4.5 マルチプレクサ（セレクタ）とデマルチプレクサ

マルチプレクサ（セレクタ）は，**図4.8**（a）に示すように，入力された複数

4. いろいろな組合せ論理回路

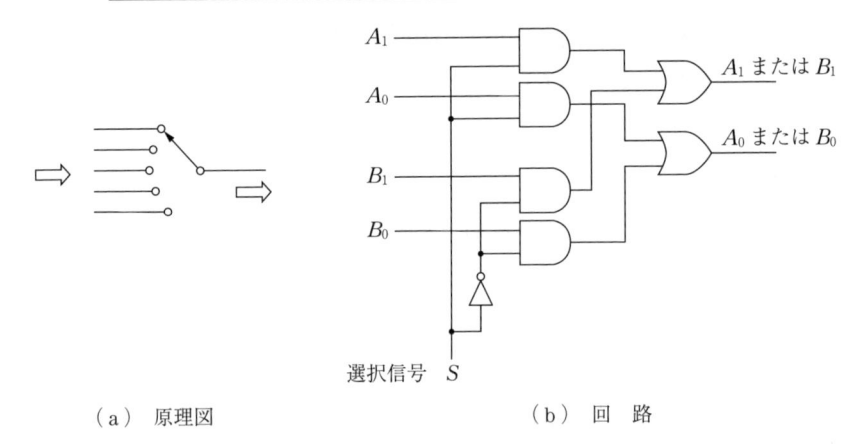

（a）原理図　　　　　　　　（b）回路

図 4.8　マルチプレクサ

のデータから必要なデータを選ぶ回路である．例えば，2 ビット長のデータ A_1A_0 と B_1B_0 のうちどちらかを選ぶマルチプレクサ回路は図（b）のようになる．

どちらのデータを選ぶかの信号（選択信号）S によって一方の AND 回路を真にし，どちらかのデータを選んでいる．このような AND 回路の使い方は，データを通したり通さなかったりするゲート（門）の役割を果たすので，**ゲート回路**と呼ばれることも多い．

デマルチプレクサは，図 4.9（a）に示すように，入力されたデータを複数

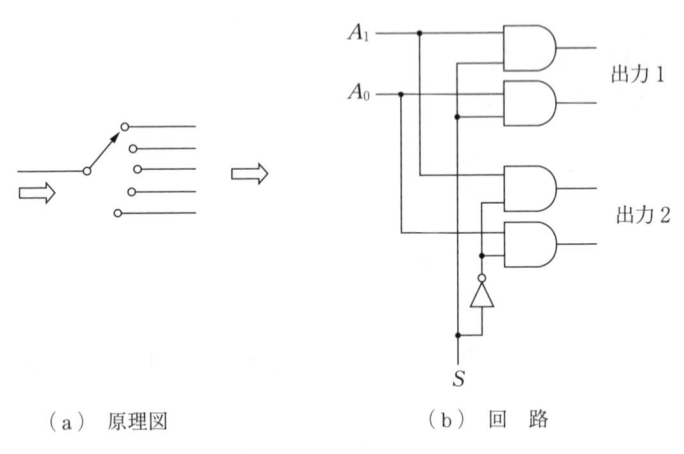

（a）原理図　　　　　　　　（b）回路

図 4.9　デマルチプレクサ

ある出力線の一つに出力する回路である。例えば，2ビットのデータ $A_1 A_0$ の場合，制御信号 S によって，$A_1 A_0$ を出力1か出力2のうちのどちらかに出力する。

4.6 エンコーダとデコーダ

符号を作り出す回路を**エンコーダ**（encoder），符号を解釈する回路を**デコーダ**（decoder）と呼ぶ。

1章で述べたBCDコードを出力するエンコーダを設計する。BCDエンコーダの各ビットの真理値表は図4.10（a）のようになり，これからエンコーダ回路は図（b）のように構成できる。

	b_3	b_2	b_1	b_0
0	0	0	0	0
1	0	0	0	1
2	0	0	1	0
3	0	0	1	1
4	0	1	0	0
5	0	1	0	1
6	0	1	1	0
7	0	1	1	1
8	1	0	0	0
9	1	0	0	1

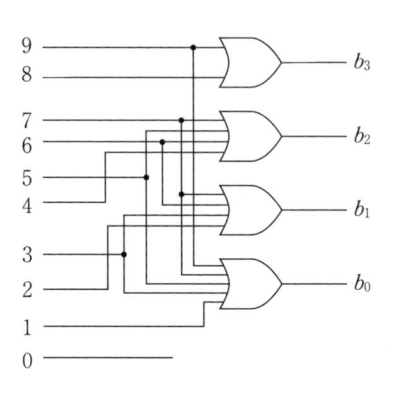

（a）真理値表　　　　（b）回　路

図4.10　BCDエンコーダ

この回路で，例えば7の入力を1にすると，b_3, b_2, b_1, b_0 に0111が出力される。

BCDコードを0から9の十進数に直すBCDデコーダの真理値表は図4.11（a）のようになる。これから回路を構成すると図（b）のようになる。

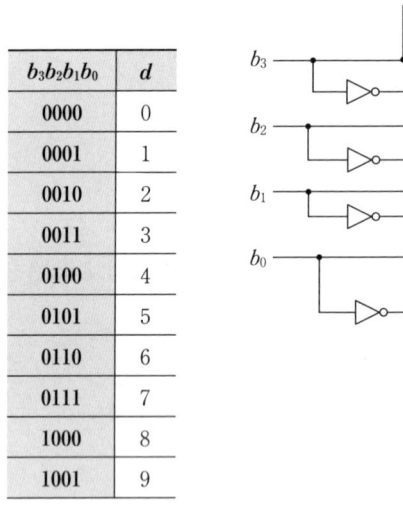

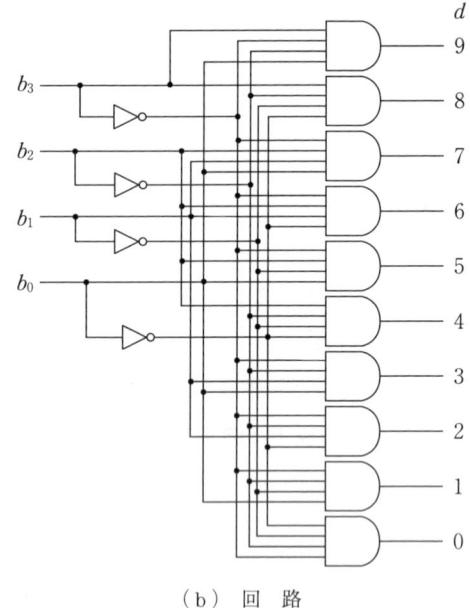

$b_3b_2b_1b_0$	d
0000	0
0001	1
0010	2
0011	3
0100	4
0101	5
0110	6
0111	7
1000	8
1001	9

（a） 真理値表　　　　　（b） 回　路

図 4.11　BCD デコーダ

4.7　加 減 算 器

複数桁の加減算器は全加算器 FA を桁数だけつないで作る。一方，減算は 2 の補数を使った加算で代用する。2 の補数は 1.2 節で述べたように，2 進数各桁の NOT を取り，最下位桁に 1 を足すことによって作ることができる。このための回路として XOR 回路を使う。図 4.12（b）に 4 ビットの加減算論理回路を示す。

XOR 回路を図のように接続すると，制御信号 CT が 0 の場合は，出力が b_3 ～ b_0 と同じとなり，1 の場合は b_3 ～ b_0 の否定，$\overline{b_3}$ ～ $\overline{b_0}$ となる。これに最下位の桁上げとして減算時の制御信号 1 を加算すれば，2 の補数が得られる。こうして得られた 2 の補数を FA で加えれば，a_3 ～ a_0 から b_3 ～ b_0 を減じる減算器が得られる。CT が 0 の場合は，a_3 ～ a_0 と b_3 ～ b_0 が加算される。

(a) XOR 真理値表　　　　　　　　（b）加減算回路

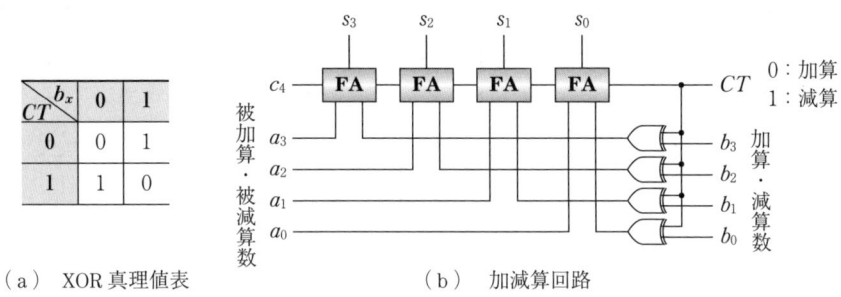

図 4.12　4 ビット加減算器

4.8　桁上げ先見加算器

複数桁加減算器では，例えば

　　011111 + 000001

の計算を行うとき，下位桁で起こった桁上げが上位桁へ伝搬していく．この場合，桁上げ伝搬が終わることにより計算が完了するので，計算時間は

　　ビット加算時間 + 桁上げ伝搬時間 × ビット数

となり，ビット数が多くなるほど計算時間が長くなる．例えば，32 ビットでは 32 倍，128 ビットの加算では 128 倍の時間を要することになる．

もし桁上げをなくすことができれば，桁数に関係なく 1 桁分の計算時間で計算が終了するようになる．このような加算器を**桁上げ先見加算器**と呼ぶ．桁上げが起こる桁を前もって計算し，それを各桁の桁上げとして加算する方法である．

ある桁への桁上げは，それ以前の各桁の計算と桁上げの結果起こる．したがって，下位桁のこれらを事前に調べ，桁上げが起こりそうなら，それを加算数と被加算数とともに足し合わせれば，高速な加算器が実現できる．例えば，n 桁 FA の上位桁への桁上げ C_{n+1} は**図 4.13** に示した場合に起こる．

これから**図 4.14**（a）の真理値表が得られ，これから

$$C_{n+1} = A_n B_n + A_n C_n + B_n C_n = A_n B_n + (A_n + B_n) C_n$$

4. いろいろな組合せ論理回路

```
被加数 $A_n$         1
加  数 $B_n$         1
下位桁からの桁上げ $C_n$  +) 0
上位桁への桁上げ $C_{n+1}$  1
```

```
被加数 $A_n$         1
加  数 $B_n$         1
下位桁からの桁上げ $C_n$  +) 1
上位桁への桁上げ $C_{n+1}$  1
```

```
被加数 $A_n$         1
加  数 $B_n$         0
下位桁からの桁上げ $C_n$  +) 1
上位桁への桁上げ $C_{n+1}$  1
```

```
被加数 $A_n$         0
加  数 $B_n$         1
下位桁からの桁上げ $C_n$  +) 1
上位桁への桁上げ $C_{n+1}$  1
```

図 4.13 全加算器で桁上げが起こる場合

または

$$C_{n+1} = A_n B_n + A_n \overline{B}_n C_n + \overline{A}_n B_n C_n$$
$$= A_n B_n + (A_n \overline{B}_n + \overline{A}_n B_n) C_n$$
$$= A_n B_n + (A_n \oplus B_n) C_n$$

と求められる。この回路を図 4.14（b），（c）に示す。

例えば，下位から 1 桁目，2 桁目，3 桁目への桁上げ信号は

$C_0 = 0$

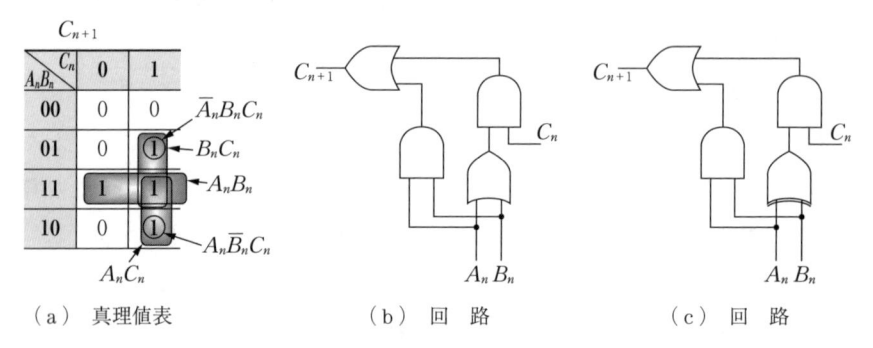

（a）真理値表　　　（b）回路　　　（c）回路

図 4.14 桁上げ先見加算器の桁上げ回路

$$C_1 = A_0B_0 + (A_0 \oplus B_0)C_0 = A_0B_0$$
$$C_2 = A_1B_1 + (A_1 \oplus B_1)C_1 = A_1B_1 + (A_1 \oplus B_1)A_0B_0$$
$$C_3 = A_2B_2 + (A_2 \oplus B_2)C_2$$
$$= A_2B_2 + (A_2 \oplus B_2)\{A_1B_1 + (A_1 \oplus B_1)A_0B_0\}$$
$$= A_2B_2 + (A_2 \oplus B_2)A_1B_1 + (A_2 \oplus B_2)(A_1 \oplus B_1)A_0B_0$$
$$C_4 = A_3B_3 + (A_3 \oplus B_3)C_3$$
$$= A_3B_3 + (A_3 \oplus B_3)\{A_2B_2 + (A_2 \oplus B_2)A_1B_1 + (A_2 \oplus B_2)(A_1 \oplus B_1)A_0B_0\}$$
$$= A_3B_3 + (A_3 \oplus B_3)A_2B_2 + (A_3 \oplus B_3)(A_2 \oplus B_2)A_1B_1 + (A_3 \oplus B_3)(A_2 \oplus B_2)(A_1 \oplus B_1)A_0B_0$$

と求められる。以後，上位桁への桁上げ信号は同様に求められる。これらの式からわかるように，各桁への桁上げ信号は加数と被加数だけから計算されている。このことより，加数と被加数がわかると，各桁の桁上げ数を計算できるので，加算器の計算速度が桁上げ伝搬時間に左右されないことがわかる。

4.9 乗算器

2進数の筆算による乗算は，図4.15（a）に示すように10進数のときと同じように行う。すなわち，乗数の各桁を調べて，その値が1のときは被乗数を加算し，0のときは0を加える（0の加算は省略されることが多い）。実際には加算すべき値は左シフトして図のように表示され，最後にまとめて加算される。

論理回路における加算は図（b）に示すように，答Aと乗数MQを並べ，ひとまとめの数と考え，乗数の0, 1を調べて各桁ごとに被乗数か0を加算し，部分和を出す。ある桁の計算が終わり，次の桁の計算をするときは，答と乗数を一つの2進数と考えて1桁右にシフトする。この計算を行う乗算器は図（c）のようになる。MD, A, MQ は被乗数，答，乗数を入れるためのレジスタで，MQの最下位桁には0, 1の検出器がついていて乗数の0, 1を判断し，それにより0を足したり，被乗数を足したりする。答はAとMQに入る。

58 4. いろいろな組合せ論理回路

```
      （被乗数）    0110
       （乗数）   ×)1101
                   0110
          加算   ┌ 0000
        すべき値 │ 0110
                 └ 0110
        最終解    1001110
```

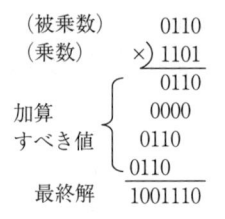

（a） 筆算による乗算法

答 A	乗数 MQ	
0000	110|1	
0110		1だから被乗数を加算
0110	110|1	加算結果
0011	011|0	右シフト
0000		0だから0を加算
0011	011|0	加算結果
0001	101|1	右シフト
0110		1だから被乗数を加算
0111	101|1	加算結果
0011	110|1	右シフト
0110		1だから被乗数を加算
1001	110|1	加算結果

0,1検出ビット

（b） 乗算器による乗算法

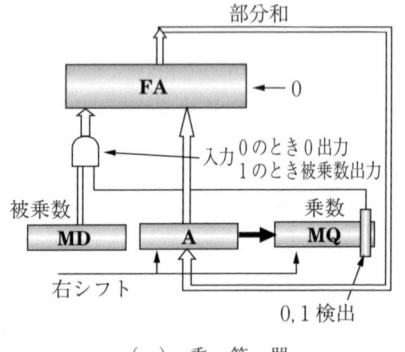

（c） 乗 算 器

図 4.15 乗 算 器

4.10 除 算 器

筆算による除算は図 4.16（a）に示すように行う。被除数 A の上位桁と除数 D を比べ，除数 D より被除数 4 桁のほうが大きければ（被除数の上位桁から除数の減算が可能であれば）商 Q に 1 を立てて除数の減算を行う。減算結果は部分剰余 R_i と呼ばれる。除数より被除数のほうが小さければ，商として 0 を立て，被除数の桁を下にその桁に相当する被除数の桁を加え，それと除数 D

4.10 除算器

```
          商 Q
  除数 D    ↓
     ↓    011       被除数 A
    0101)010011 ←
         0101
         01001 ←     部分剰余 $R_i$
          0101
   剰余 →  0100
```

```
        $q_2$ $q_1$ $q_0$
   D       011
   ↓   0101)010011 ← $A = R_3$
            0000
            01001 ← $R_2$
             0101
             01001 ← $R_1$
              0101
              0100 ← $R_0$
```

　（a）筆算による除算法　　　（b）筆算による除算原理

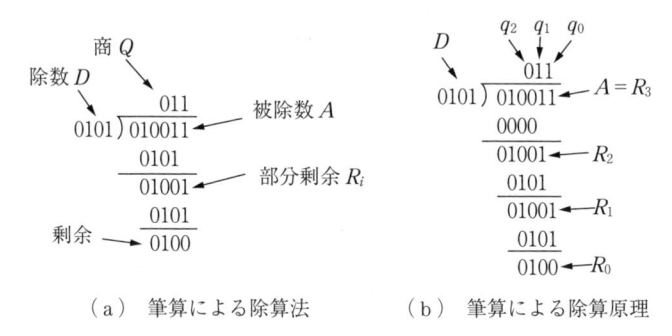

図 4.16　除　算　法

を比較する。その結果，除数より部分剰余のほうが大きければ商に1を立て，部分剰余から除数を減ずる。小さければ商に0を立てるだけで減算を行わない。以上のことを被除数の最後の桁まで行う。被除数は部分剰余の初期値とも考えることができる。

　原理的には図（b）に示すように，被除数 A（部分剰余）より除数 D が大きい場合は，商に0を立てて被除数（部分剰余）から0を減じ，除数のほうが小さい場合は，被除数から除数を減じる。次に出てきた部分剰余を下1桁のばして，その部分剰余に対して上記と同じ手続きを繰り返す。除算は，前後の処理に独立性がなく順序関係があることが特徴である。

　いま，図4.16の商 Q を $q_2\ q_1\ q_0$（$= q_2 \times 2^2 + q_1 \times 2^1 + q_0 \times 2^0$）で表し，部分剰余を R_3（=被除数 A），R_2，R_1，R_0 で表せば，除算は次の漸化式で求められる。

$$R_2 = R_3 - q_2 \times D \times 2^2$$
$$R_1 = R_2 - q_1 \times D \times 2^1$$
$$R_0 = R_1 - q_0 \times D \times 2^0$$

ここで

$$R_{i+1} \geqq D \times 2^i\ ならば\ q_i = 1$$
$$R_{i+1} < D \times 2^i\ ならば\ q_i = 0$$

である。

4. いろいろな組合せ論理回路

加え戻し法（回復型除算法）と呼ばれる回復型の除算では，部分剰余から除数を引き，結果が負になった場合には，除数を加算して部分剰余を元に戻して次の桁の計算に入る。これを図 4.17 に示す。R_2 で負となったので，除数 0101 を足して R_2' と元に戻している。

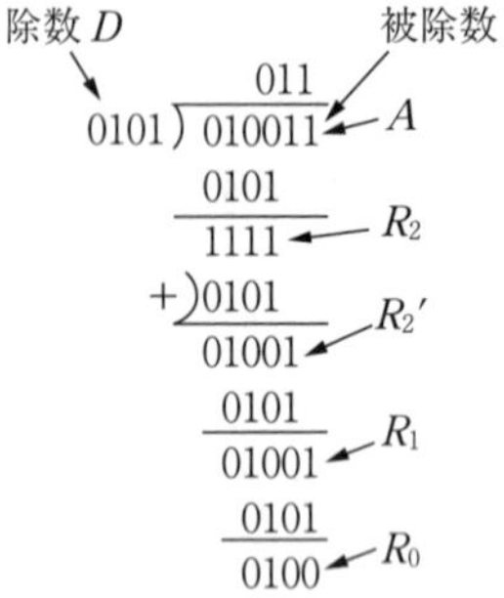

```
除数 D          被除数
        011
 0101 ) 010011 ← A
        0101
        ─────
        1111    ← R₂
       +)0101
        ─────
        01001   ← R₂'
         0101
         ────
         01001  ← R₁
          0101
          ────
          0100  ← R₀
```

A	>0	$c_3=1$
$R_2 = A - 1 \times D \times 2^2$	<0	$c_2=-1, \ q_2=0$
$R_2' = R_2 - (-1) \times D \times 2^2$	>0	$c_1=1$
$R_1 = R_2' - 1 \times D \times 2^1$	>0	$c_0=1, \ q_1=1$
$R_0 = R_1 - 1 \times D \times 2^0$	>0	$q_1=1$

図 4.17 加え戻し法（回復型除算法）

すなわち，引き算を行ってから引き算結果の部分除算が正のとき，すなわち $R_{i+1} \geqq 0$ のとき，$c_i = 1, \ q_i = 1$

$$R_i = R_{i+1} - c_i \times D \times 2^i$$

と減算を行う。c_i が元に戻すかどうかの指標となっている。

引き算結果が負のとき，すなわち $R_{i+1} < 0$ のとき，$c_i = -1, \ q_i = 0$

$$R_{i+1}' = R_{i+1} - c_i \times D \times 2^{i+1}$$

と除数を加えて元に戻す。この演算を繰り返す。

引き離し法と呼ばれる非回復型の除算方法がある。これは図 4.18 のように行われる。部分剰余から除数を減じ，その結果が正ならば，次は除数の引き算を行い，負ならば除数の足し算を行う。

非回復型の除算方式漸化式で表すと

$R_{i+1} \geqq 0$ のとき，$c_i = 1, \ q_{i+1} = 1$

$$R_i = R_{i+1} - c_i \times D \times 2^i$$

と減算を行う。

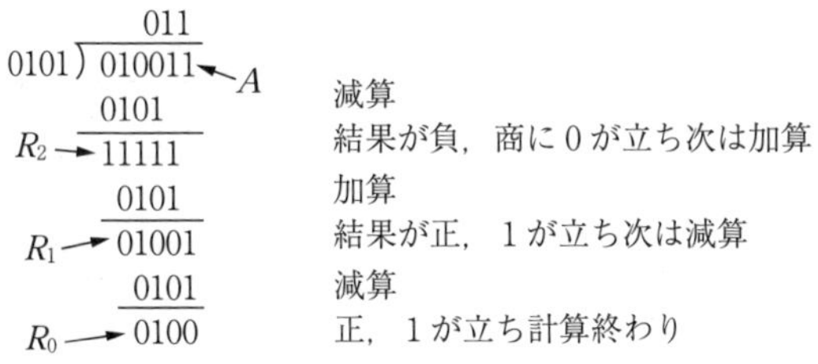

```
         011
   0101)010011  ← A         減算
         0101              結果が負，商に0が立ち次は加算
   $R_2$ → 11111
          0101              加算
   $R_1$ → 01001            結果が正，1が立ち次は減算
          0101              減算
   $R_0$ → 0100             正，1が立ち計算終わり
```

図 4.18 引き離し法（非回復型除算）

$R_{i+1} < 0$ のとき，$c_i = -1$，$q_{i+1} = 0$

$$R_{i+1} = R_{i+1} - c_i \times D \times 2^{i+1}$$

と加算を行う。

　回復法では減算が不可能な場合，次の演算で D を1桁右シフトして $R_{i+1} - D \times 2^{-1}$ の計算を行うが，非回復法の計算方法は $R_{i+1} - D + D \times 2^{-1}$ の計算を行う。これは

$$R_{i+1} - D + D \times 2^{-1} = R_{i+1} - D \times 2^{-1}$$

となって，回復法と結果的に同じになるからである。

4.11　論理回路のハザード

　これまで論理素子を遅れのない理想的な素子として考えてきた。しかし，実際の論理素子は電子素子の組み合わせで作られており，入力信号と出力信号の間には時間的な遅れが生じる。また，配線の長さによっても遅れを生じる。この遅れによって論理回路は意図しない動作をすることがある。これを**ハザード**という。

　図 4.19（a）は，S の選択信号によって A または B の信号を出力するマルチプレクサ（セレクタ）回路である。AND ゲートに S 信号と S 信号の NOT をとったもの（$\overline{S}$）を入力し，どちらか一方の論理積を成り立たせることにより，A または B の信号を OR 回路に出力する。

　この回路の真理値表は図（b）のようになる。論理回路は電子回路であるの

(a) 回路（$C = AS + B\overline{S}$）　　　　(b) 真理値表

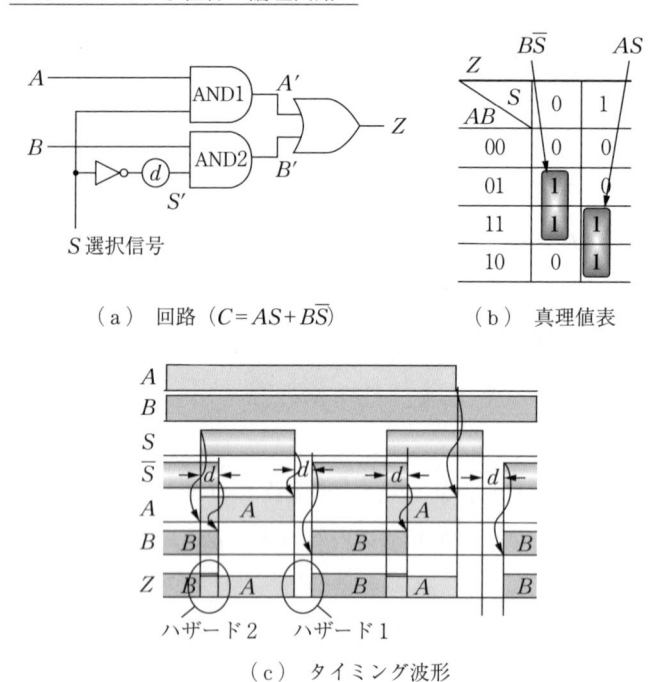

(c) タイミング波形

図 4.19　ハザード

で信号の遅延を生じる。いま，簡単のために NOT 回路だけ d マイクロセカンドの遅延があり，他の論理素子の遅延時間を無視すると，その動作を表す波形は図 (c) のようになる。

理想的には選択信号 S とその NOT の $\overline{S}$ は同時に切り替わるはずであるが，d の遅延のためにハザード 1，ハザード 2 のような意図しない波形が現れる。ハザード 2 のほうは，A，B の信号が重なるが両信号とも 1 であるので問題はない。ハザード 1 のほうは，0 信号が出て，理論上出るはずのない信号が出る。この間違った信号が大きな問題を起こす場合がある。特に，次章に示すフリップフロップを含む場合には，フリップフロップがこの誤信号を記憶する場合があるので，その影響が長く続く場合がある。

このハザードは S の信号の切り替えの遅延によって起こるので，**図 4.20** (a) の真理値表に示すように，S に関係しないように AB の積項を加えれば，

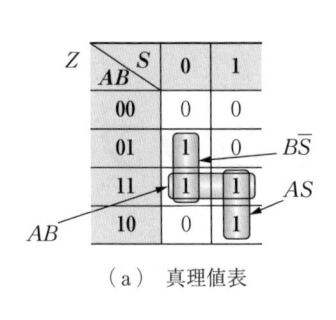

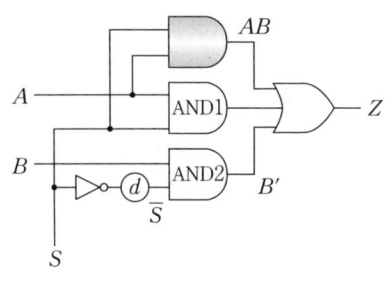

（a）真理値表　　　　　　（b）ハザードなし回路
$(Z = AS + \overline{B}S + AB)$

図4.20 ハザード防止方法

このハザードを避けることができる。すなわち，図(b)に示すように，$Z = AS + B\overline{S} + AB$ として，AB のような冗長項を加えることにより避けることができる。

演 習 問 題

【1】 半加算器を正論理 AND，OR 回路素子を使って実現せよ。
【2】 半加算器を負論理 AND，OR 回路素子を使って実現せよ。
【3】 FA を使って4ビットの桁上げ先見加算器を設計せよ。

5 フリップフロップ

これまでは「現在の入力だけによって現在の出力が決まる」**組合せ論理回路**について述べてきた。原理的に時間の経過という概念が入ってなかった。**順序回路**は，「現在の出力が現在の入力と過去の入力によって決まる」回路であり，組合せ論理回路にはなかった「**時間の経過**」という概念が入った回路である。本章では，この回路の重要な基本素子である**フリップフロップ**について述べる。

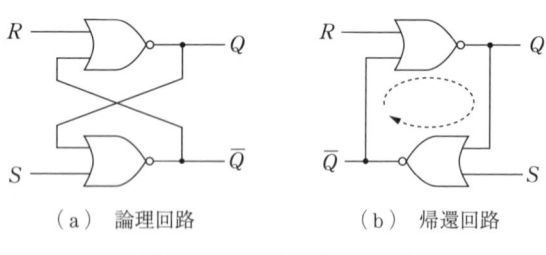

5.1 RS フリップフロップ

フリップフロップは flip して（飛び上がって）flop する（ドスンと落ちる）回路で，回路内に，出力信号が入力に戻るという帰還部を持っており，入力が入ったとき飛び上がり，入力がなくなったとき 0 か 1 にドスンと落ち，それを維持（記憶）する。すなわち，フリップフロップは過去の情報を記憶する**記憶素子**である。

図 5.1 に示すのは，セットとリセットを繰り返す **RS フリップフロップ**（RS flip flop：RS-FF）である。フリップフロップでは出力から入力に信号が返されるように接続されており，この帰還により情報が記憶される。図(b)はこの関係をわかりやすく書き換えたものである。

（a）論理回路　　（b）帰還回路

図 5.1　RS フリップフロップ

5.1 RSフリップフロップ

RSフリップフロップの入力と出力の関係は**図5.2**(a)のようになる。入力 R, S が $(0,1)$ のとき，出力 Q, $\overline{Q}$ は $(1,0)$，R, S が $(1,0)$ のとき，出力 Q, $\overline{Q}$ は $(0,1)$，$(1,1)$ のとき，出力 Q, $\overline{Q}$ は $(0,0)$ である。

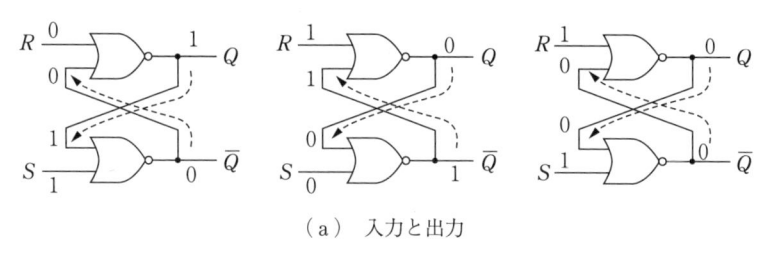

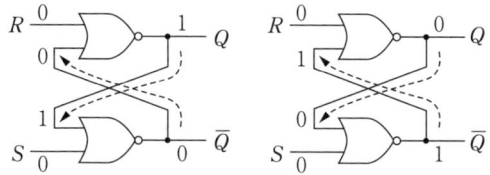

(a) 入力と出力

(b) 入力$(0,0)$のとき許される安定状態

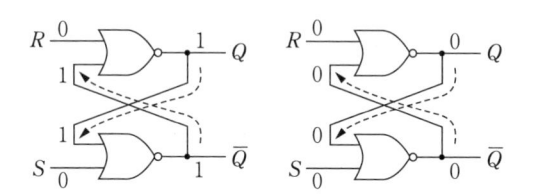

(c) 入力$(0,0)$のときのあり得ない安定状態

図5.2 RSフリップフロップの安定状態

RSフリップフロップは帰還回路を持っているので，R, S が $(0,0)$ となって入力信号がなくなったとき，許される内部状態（安定状態）が限られている。図(b)が許される内部状態で，図(c)はNOR回路の論理が満たされないので，あり得ない内部状態である。すなわち，RSフリップフロップでは，入力が $(0,0)$ になった場合，その出力は必ず $(0,1)$ または $(1,0)$ になる。

図5.3にRSフリップフロップの記号と入出力特性を示す。図(a)は論理回路，図(b)は記号，図(c)が入出力特性である。初期状態は入力 R, S に

5. フリップフロップ

SR	Q	$\overline{Q}$
00	変化なし	
01	0	1
10	1	0
11	0	0

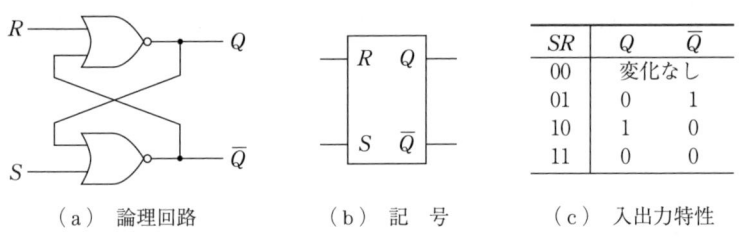

（a）論理回路　　　　（b）記号　　　　（c）入出力特性

図 5.3　RS フリップフロップ

信号が入ってない (0, 0) 状態で R と S に入力が入ると，Q, $\overline{Q}$ は図（c）のようになり，入力がなくなると出力 Q, $\overline{Q}$ に (1, 0) または (0, 1) が出力され，保持される。

ただし，R, S に (1, 1) が入力されているときは，Q, $\overline{Q}$ が (0, 0) になり，その状態で入力が (0, 0) なったとき，図 5.2 に示すように回路は (0, 0) を維持できず，また (1, 1) も維持できないので，出力は (1, 0) か (0, 1) のどちらかになる。(1, 0) になるか (0, 1) になるかは偶然によって決まり，出力が一定に定まらないので，R, S に (1, 1) を入力する使い方は禁じられている。

NAND 素子を使っても，**図 5.4**（a）のように RS-FF を構成できる。4 章に示したように，NAND 素子は OR 表現に書き換えることができるので，書き換えると図（b）のようになり，入出力特性は図（c）のようになる。これから NAND 素子による RS-FF は，入力が，負論理の RS-FF になっていることがわかる。この場合も (0, 0) 入力は禁止である。

図 5.3（c）の入出力特性から，RS フリップフロップの次の出力 $Q^{(1)}$ の真理値表を書くと，**表 5.1** のようになる。この表では，R, S を (1, 1) にすること

SR	Q	$\overline{Q}$
11	変化なし	
10	1	0
01	0	1
00	1	1

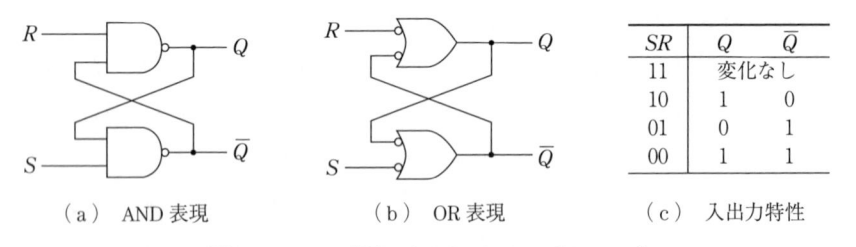

（a）AND 表現　　　　（b）OR 表現　　　　（c）入出力特性

図 5.4　NAND 素子による RS フリップフロップ

を禁止する条件を付けることを前提に，そのときの $Q^{(1)}$ をドントケアと考えてある。

これから FF の出力 $Q^{(1)}$ を表す論理式は次のようになる。

表 5.1　RS-FF の $Q^{(1)}$ の真理値表

(a) 入出力特性

SR	Q	$\overline{Q}$
00	変化なし	
01	0	1
10	1	0
11	0	0

(b) $Q^{(1)}$ の真理値表

SR \ Q	0	1
00	0	1
01	0	0
11	*	*
10	1	1

$$Q^{(1)} = S + \overline{R}Q \quad (RS = (1,1) \text{ にすることは禁止}) \tag{5.1}$$

5.2　JK フリップフロップ

RS-FF では (1, 1) 入力が禁止されていた。ここで，図 5.5 に示すように入力を AND 素子を使って出力信号で制御し，RS-FF には必ず (0, 1) か (1, 0) が入力されるようにする。この回路では，入力 J, K に (1, 1) が入力されると，Q, $\overline{Q}$ が (1, 0) のときは RS-FF 入力が (0, 1) となり，Q, $\overline{Q}$ が (0, 1) のときは (1, 0) となり，結果として Q, $\overline{Q}$ の値が反転する。このフリップフロップは **JK フリップフロップ**（JK flip flop：JK-FF）と呼ばれ，その入力は J, K と名づけられている。

図 (d) より $Q^{(1)}$ の論理式を求めると次のようになる。

$$Q^{(1)} = J\overline{Q} + \overline{K}Q \tag{5.2}$$

(a) 回路　　(b) 記号

(c) 入出力特性

JK	Q	$\overline{Q}$
00	変化なし	
01	0	1
10	1	0
11	反転	

(d) $Q^{(1)}$ の真理値表

JK \ Q	0	1
00	0	1
01	0	0
11	1	0
10	1	1

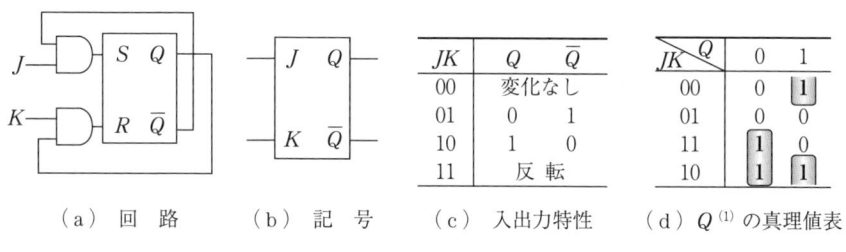

図 5.5　JK フリップフロップ

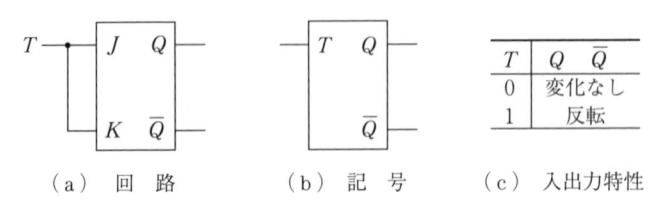

5.3 Tフリップフロップ

図5.6(a)に示すようにJK-FFの入力を接続し，入力が常に(0,0)か(1,1)になるようにすれば，入力が(0,0)のとき出力が変化せず，(1,1)が入力されるごとに出力が反転するフリップフロップが得られる。このようなスイッチを押すごとにON，OFFを繰り返す動作は**トグル**（toggle）と呼ばれるので，このフリップフロップは**トグルフリップフロップ**（toggle flip flop：T-FF）または**T**フリップフロップと呼ばれる。

(a) 回路　　(b) 記号　　(c) 入出力特性

T	Q	$\overline{Q}$
0	変化なし	
1	反転	

図5.6　Tフリップフロップ

出力Qの論理式は，式(5.2)で$K=J=T$と置くと

$$Q^{(1)} = J\overline{Q} + \overline{K}Q = T\overline{Q} + \overline{T}Q = T \oplus Q \tag{5.3}$$

となる。

5.4 Dフリップフロップ

JK-FFの入力を図5.7(a)に示すようにNOT回路で結べば，JKの入力には常に(0,1)か(1,0)が入力されるようになって，D端子に入力される値がフ

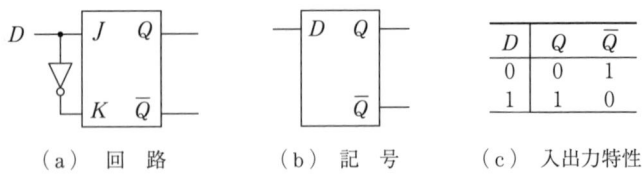

(a) 回路　　(b) 記号　　(c) 入出力特性

D	Q	$\overline{Q}$
0	0	1
1	1	0

図5.7　Dフリップフロップ

リップフロップにセットされるようになる。このようなフリップフロップは，入力された信号が一足遅れてフリップフロップに設定され，記憶されることから，**遅延形フリップフロップ**（delay flip flop：D-FF）または**Dフリップフロップ**と呼ばれている。

出力 $Q^{(1)}$ の論理式は，式 (5.2) で $J=D$, $K=\overline{D}$ と置くことにより

$$Q^{(1)} = D\overline{Q} + \overline{\overline{D}}Q = D \tag{5.4}$$

となる。

5.5 同期式フリップフロップ

実際の論理回路では，論理信号であるパルス波形は理想的に0や1となることは少なく，**オーバシュート**や**アンダシュート**，**チャタリング**と呼ばれる不安定な波形を含み，また信号の遅れなども生じる。これを**図5.8**（b）に示す。

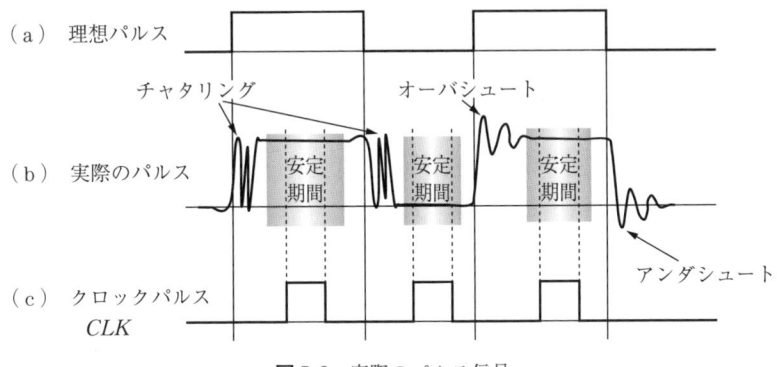

図5.8　実際のパルス信号

そのために誤動作が生じやすく，論理回路の設計を難しくする。誤動作を避けるためには，信号が安定してからそれを使えばよい。そのためには，図（c）に示すような時間の標準となる**クロックパルス**（**CLK**）と呼ばれるパルスを作り，このクロックパルスに同期して回路を動かす方法が考案された。この方式の回路を**同期式論理回路**という。これに対して，クロックに同期しない論理回路を**非同期式論理回路**と呼ぶ。同期式論理回路は，実際の複雑な回路で起き

る諸処の不都合を避けることができるので，積極的に使われるようになっている．

図5.9に**同期式 RS-FF** を示す．図（a）のように入力部分に AND 素子を接続し，入力をクロックパルス CLK で R と S 入力を入れたり，入れなかったりする．そして，図5.8のようにパルスが安定期になったときに，値が1になるようなクロックパルスを入力すると，安定した信号のみを使えるようになる．このような AND 回路の使い方は **AND ゲート**と呼ばれることも多い．

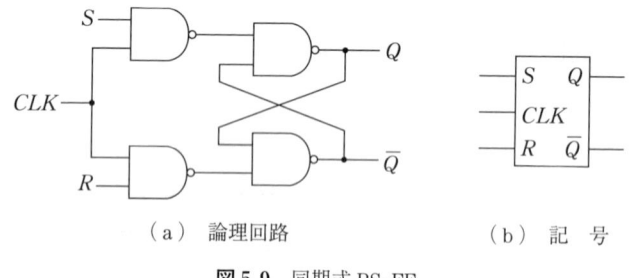

（a）論理回路　　　　（b）記号

図5.9　同期式 RS-FF

同様な方法で同期式 JK-FF，同期式 T-FF，同期式 D-FF を構成することができる．これらの記号を図5.10に示す．

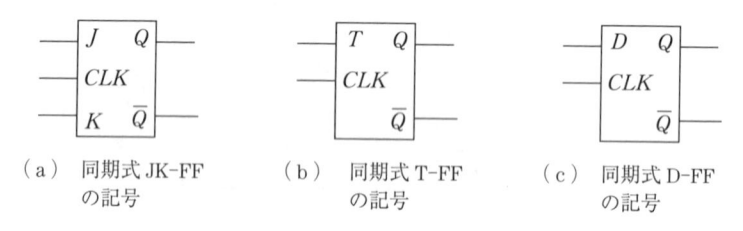

（a）同期式 JK-FF の記号　　（b）同期式 T-FF の記号　　（c）同期式 D-FF の記号

図5.10　同期式フリップフロップ

5.6　マスタスレーブフリップフロップ

例えば，同期式 D-FF を図5.11のように接続すると，クロック信号がくるごとに，入力 SIG から入った信号をフリップフロップ FF0 → FF1 → FF2 → FF3 と送る論理回路を作ることができる．これをシフトレジスタという（次章

5.6 マスタスレーブフリップフロップ

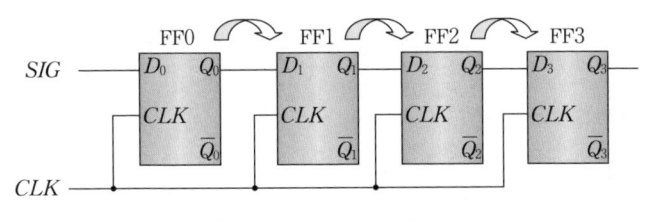

図 5.11 シフトレジスタ

参考)。

　この場合，FF0 では，FF0 にセットされている値を FF1 に送ってから，D 端子からの入力信号 SIG を FF0 にセットし，FF1 では，FF1 にセットされている値を FF2 に送ってから，FF0 からきたデータを FF1 にセットするという動作が必要である。FF2，FF3 においても同様である。

　この回路は**図 5.12**（a）に示すように働く。ところが，図（b）に示すようにクロックパルスの幅が長いと，FF0 の値を FF1 に送った後，FF0 が D 端子からの入力信号にセットされ，そのセットされた信号が FF1 に送られてセットされ，その信号が FF2 にセットされ，それが FF3 に送られ FF3 にセットされ，結果的にすべての FF が FF0 の D 端子からの入力信号にセットされてしまうということが起こってしまう。この回路をうまく働かすためには，クロックパルスの幅をうまく制御しなければならないが，その制御はかなり難しい。

　この問題点を解決するために，**図 5.13** に示すような**マスタスレーブ FF**（マスタ＝主人，スレーブ＝奴隷）というフリップフロップが開発された。この

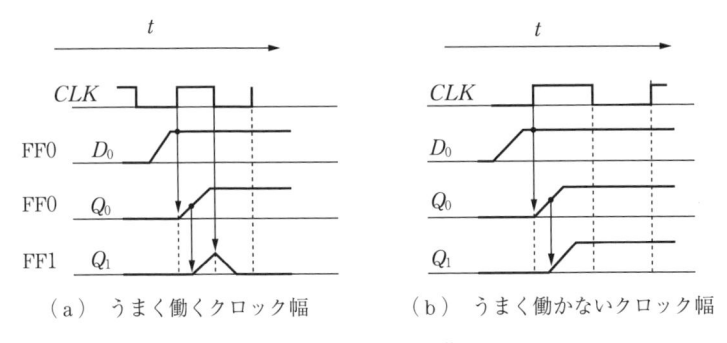

（a）うまく働くクロック幅　　　（b）うまく働かないクロック幅

図 5.12 シフトレジスタの動作タイミング

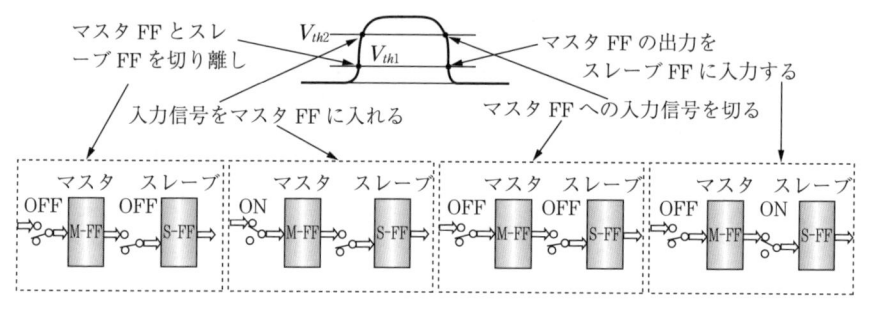

(a) クロックパルスとしきい値の関係

(b) 回　路

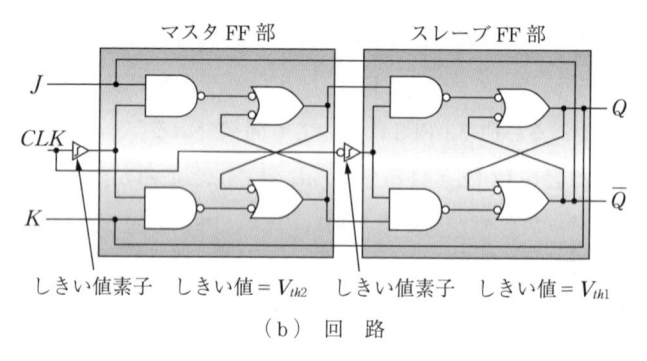

図5.13　マスタスレーブ JK-FF

　FFは図(a)に示すように，マスタとスレーブと呼ばれる二つのFFからなっており，最初にマスタとスレーブを切り離してマスタに入力データをセットし，次にマスタの入力を切り離してからマスタとスレーブを接続して，データをスレーブに送り，その後その値をスレーブFFに記憶する方式である．このことを実現するために，図(b)に示すようにある電圧以上でONになり，ある電圧以下でOFFになる**しきい値素子**を使って，ANDゲートの開閉を制御する．こうすると，入力部分と出力部分が時間的に切り離されて動作するので，クロックパルス幅の長い場合でも上記のような問題は起こらない．

　FFにはそのほか，クロックパルスの立上り部分（**ポジティブエッジ**）や立下り部分（**ネガティブエッジ**）で値をセットする**エッジトリガFF**が開発されている．その記号を図5.14に示す．

5.7 直接セットリセット端子つき同期式フリップフロップ

(a) ポジティブエッジ
トリガ FF

(b) ネガティブエッジ
トリガ FF

(c) ハイレベル
セット FF

(d) ローレベル
セット FF

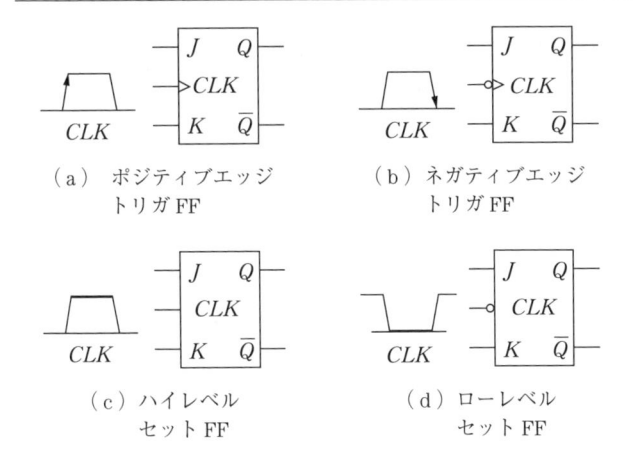

図 5.14　エッジトリガ FF とレベルセット FF

記号の横三角形がエッジトリガであることを表す（図（a），（b））。これに対して，これまでの FF（図（c），（d））は，クロックのレベル部分（H の部分，負論理の場合は L の部分）でセットする FF ということができる。

5.7　直接セットリセット端子つき同期式フリップフロップ

FF に直接値をセットする端子，FF の値をクリアする端子を持った FF も開発されている。これは**直接セットリセット端子つきフリップフロップ**または**プリセット端子つきフリップフロップ**と呼ばれる。

図 5.15 はその例で，RS フリップフロップの場合である。$\overline{S_D}$, $\overline{R_D}$ が，直接

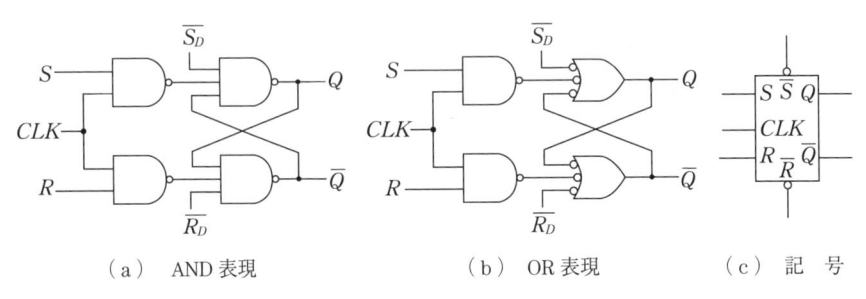

(a)　AND 表現
(b)　OR 表現
(c)　記　号

図 5.15　直接セットリセット端子 S_D, R_D つき同期式 RS フリップフロップ

セット,リセット端子である。非同期式RSフリップフロップのもう一つの入力として,クロックでON,OFFするANDゲートを加えた回路となっている。

5.8 簡単なフリップフロップ応用回路

5.8.1 レジスタ

レジスタはディジタル情報を記憶する基本回路である。回路の基本はフリップフロップを記憶したい桁数だけ並べることである。4ビットの2進数 $x_3 x_2 x_1 x_0$ を記憶するレジスタを図 5.16 に示す。このレジスタは,RS-FFの入力が $(1,0)$ のとき1が記憶され,$(0,1)$ のとき0が記憶されることを利用した回路である。

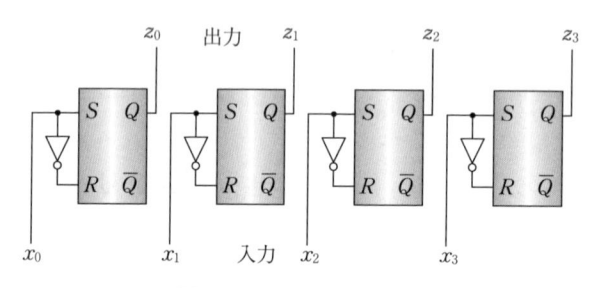

図 5.16 4ビットレジスタ

5.8.2 シフトレジスタ

シフトレジスタは,記憶されている情報をクロックパルスが入るごとに,右または左にシフト(移動)させるレジスタである。図 5.17(a)はJK-FFを接続したシフトレジスタで,入力 S から入ってくるデータをクロックが入るごとに右に移動させる。JK-FFは JK 入力を $(0,1)$ または $(1,0)$ に保つと,J 入力の0または1を記憶するので,JK-FFを縦に接続するとシフトレジスタが得られる。

このレジスタでは,図(b)に示すようにシリアルデータ(図では $1 \to 0 \to 1 \to 1$)を入力すると,4ビットのデータ(**パラレルデータ**,**並列デー**

5.8 簡単なフリップフロップ応用回路

タ）(1011) が FF3, FF2, FF1, FF0 に格納される。これを z_3, z_2, z_1, z_0 から出力すれば，シリアルデータを並列データに変える**直並列データ変換回路**が得られる。

図 5.18 のように，FF に直接セットリセット端子つきフリップフロップを用いれば，図 5.16 のレジスタとシフトレジスタをかねる回路ができあがる。ここに並列データをセットし，それをシフトし，それを z_3 から出力すれば，並列データを直列データに変えるシフトレジスタを構成することがもできる。

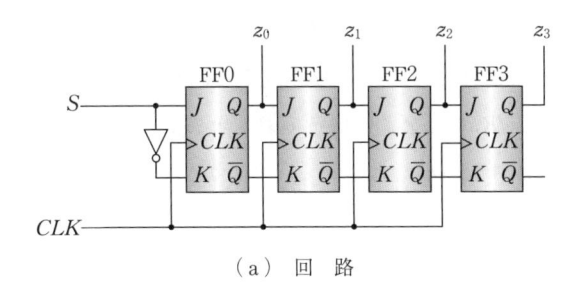

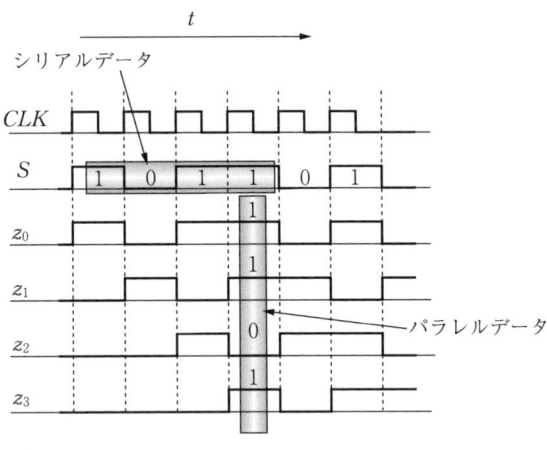

図 5.17 シフトレジスタ

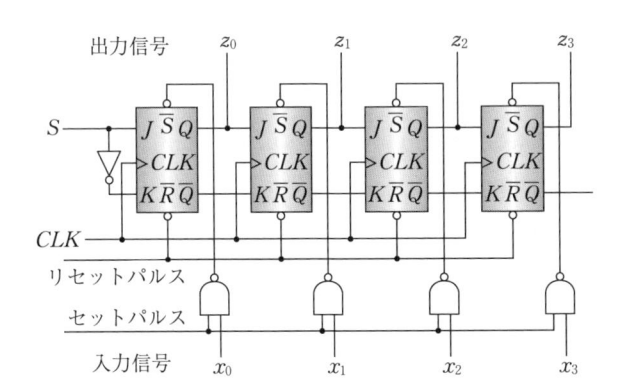

図 5.18 プリセット可能なシフトレジスタ

5.8.3 カウンタ

入力されるパルスの数を数える回路は**カウンタ**と呼ばれる。同期式JK-FFでは，JK入力を1に保っておくと，クロック端子にパルスが入るごとに0と1のセットが繰り返される。したがって，図5.19に示すように，ネガティブエッジセットのJK-FFを3個接続すると，0から7まで数えることを繰り返す8進カウンタが得られる。

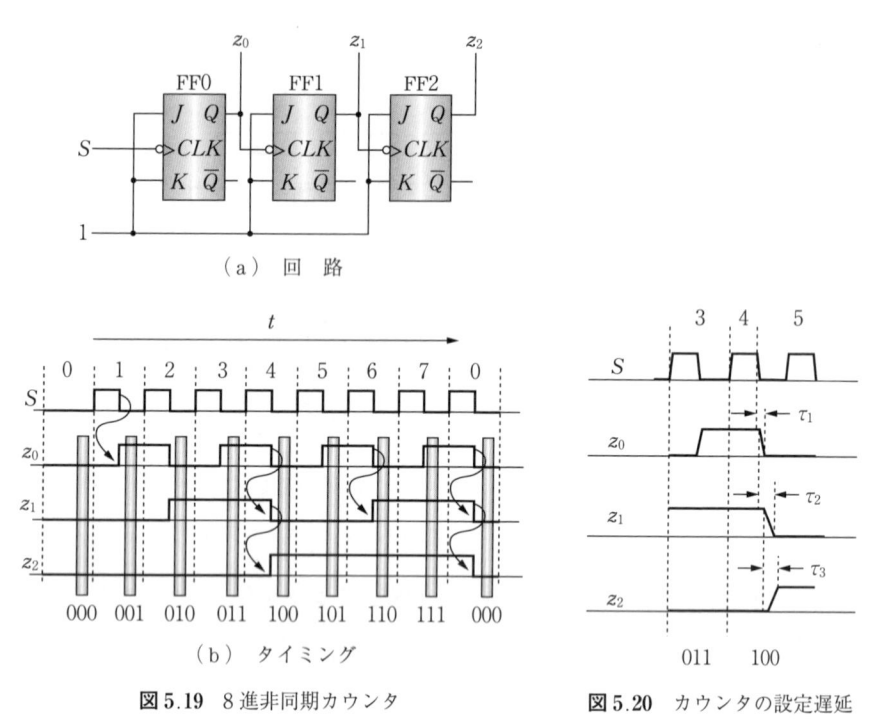

図5.19 8進非同期カウンタ

図5.20 カウンタの設定遅延

この構成方法では，Sに入力されたパルスがFF0 → FF1 → FF2と順番にセットされていくので，図5.20に示すように，最後のFFがセットされるまでには，それぞれのFFのセット遅延時間 τ_0，τ_1，τ_2（一般的には τ_0，τ_1，τ_2 はほぼ等しい）が積み重なって時間がかかってしまう。この遅れはビット数が多くなればなるほど重なって大きくなるので，高速なパルスを数えるカウンタとしては不適である。

5.8.4 セルフスタートつきリングカウンタ

出力が (0001) → (0010) → (0100) → (1000) → (0001) のように1ビットだけ必ず1になって，それがクロックの入力に従ってシフトを繰り返し，1が最上位ビットに到達したとき，それが最下位ビットにシフトすることを繰り返すレジスタを**リングカウンタ**と呼ぶ．リングカウンタは1をシフトさせることで実現できるので，初期状態として一つのFFだけが1になるように設定できれば，基本的にはシフトレジスタ回路で実現できる．

電源を入れたときは各フリップフリップは0か1の値になるが，どのFFが0に設定されるか1に設定されるかはわからない．初期値としてどのような値に設定されようが，数クロックの後一つだけのFFが1になるリングカウンタを**セルフスタートつきリングカウンタ**と呼ぶ．

図 5.21 (a) は，4 ビットのリングカウンタが，クロックの入力に従ってそれぞれの初期値から一つだけのFFが1になる過程を示したものである．初期値が0000以外では，最長3クロックで1が一つだけになるが，初期値が0000のときは，この値が繰り返されるだけで1にはならない．そのため，電源投入

```
初期値
0000→0000→0000→……
0001
0010
0011→0110→1100→1000
0100
0101→1010→0100
0110→1100→1000
0111→1110→1100→1000
1000
1001→0010
1010→0100
1011→0110→1100→1000
1100→1000
1101→1010→0100
1110→1100→1000
1111→1110→1100→1000
```

（a） 初期値から1が一つになる過程　　　　　（b） 回　　路

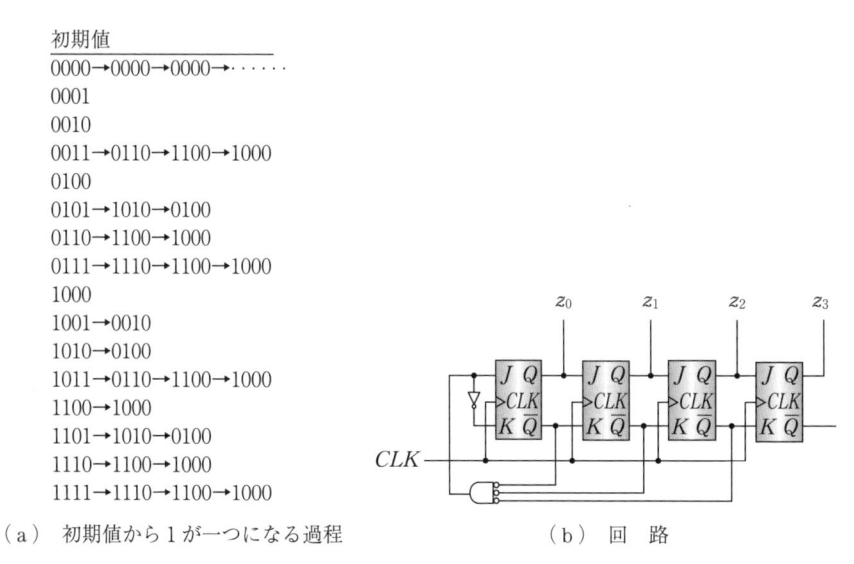

図 5.21　セルフスタートつきリングカウンタ

時にすべてのフリップフロップが0になったとき，最下位桁を1に設定する回路をつけ加えて，セルフスタート回路つきリングカウンタを構成する。図（b）が，出力が0000のとき最下位ビットに1を入力する回路を加えた回路である。

5.8.5 バレルシフトレジスタ

5.8.2項で述べたシフトレジスタは一度に1ビットだけシフトするレジスタであった。図5.22に示すように，レジスタの出力と入力の接続の仕方を一つ飛びにすると，一度に2ビットシフトするレジスタが得られる。一度に3ビッ

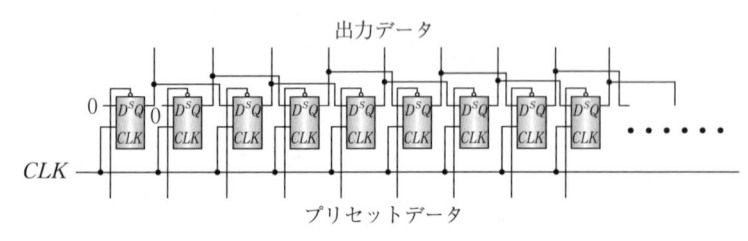

（a）2ビットシフトレジスタ

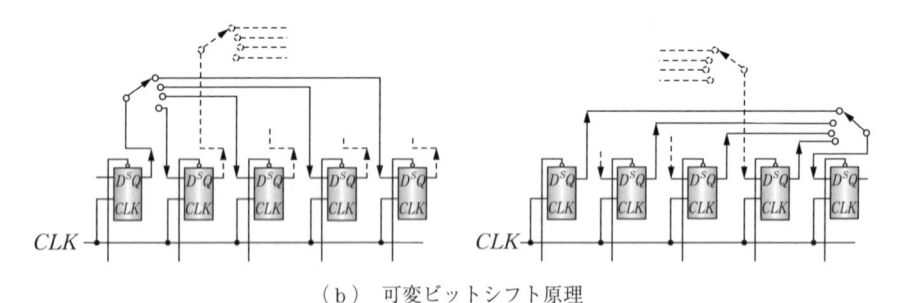

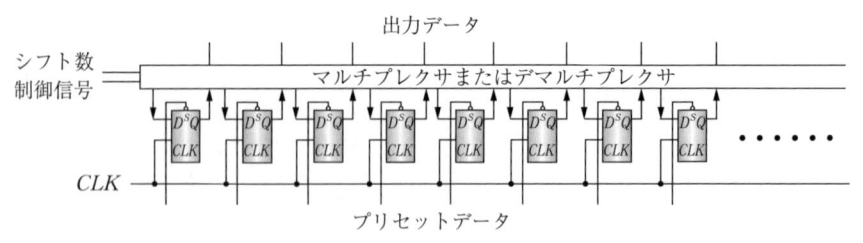

（b）可変ビットシフト原理

（c）バレルシフトレジスタ

図5.22　バレルシフトレジスタ

トシフトするには二つ飛びに接続すればよい。

　図(b)に示すように出力と入力のFF接続をスイッチによって切り替える方法を使えば，シフトするビット数が変化するシフトレジスタを構成できる。

　図(c)が4章で述べたデータマルチプレクサ（セレクタ）やデータデマルチプレクサを使ったシフト数可変多ビットシフトレジスタの原理図である。このようなシフトレジスタは**バレルシフトレジスタ**と呼ばれる。

演 習 問 題

【1】 D-FFを使ってプリセット，リセット可能な4ビットシフトレジスタを設計せよ。

【2】 パルスが入るごとに数値を下げていく3ビットの非同期ダウンカウンタを設計せよ。

【3】 0から9まで数えることを繰り返す10進カウンタを，プリセット端子つきJK-FFを用いて設計せよ。

6 順序回路

組合せ論理回路には原理的に時間という概念が入ってなかった。それに対し**順序回路**は時間の経過という概念が入った回路で，「**出力が現在の入力と過去の入力によって決まる回路**」である。

6.1 順序回路の基礎

いま，現在の出力を z，現在の入力を x，過去の入力を $x_{-1}, x_{-2}, \cdots$ とする。すると現在の出力は現在と過去の入力によって決まるので，これを関数形式で表すと

$$z = f(x, x_{-1}, x_{-2}, x_{-3}, x_{-4}, x_{-5}, x_{-6}, \cdots\cdots\cdots\cdots)$$

となる。この関係を図に表すと**図 6.1** のようになる。

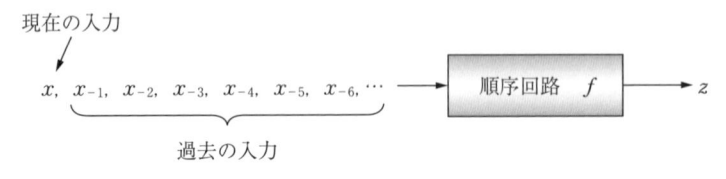

図 6.1 順序回路

過去の入力は無限に続くので取り扱いにくい。そこで，過去の入力で決まる「**現在の回路の状態**」という概念を導入する。現在の状態を q で表し，これを関数形式で表すと

$$q = f(x_{-1}, x_{-2}, x_{-3}, x_{-4}, x_{-5}, x_{-6}, \cdots\cdots\cdots\cdots)$$

となる。q は過去の入力の履歴による変化を記憶していると考えることができ

る。すると現在の出力は現在の状態と現在の入力で決まることになるので，これを関数形で表すと

$$z = \omega(q, x)$$

となり，取り扱いにくい過去の入力表現を消すことができ，「出力は現在の状態と現在の入力で決まる」という，組合せ論理回路と類似の考え方が得られる。

$\omega(\ )$ は出力を決める関数で**出力関数**と呼ばれる。この関係は**図6.2**で示すことができる。

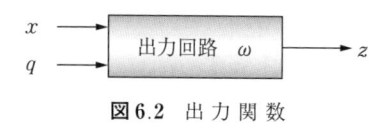

図6.2 出力関数

また，現在の状態は現在の入力が入ることにより変化する。すなわち，**次の状態**は，現在の状態と現在の入力で決まると考えることができるので，次の状態を $q^{(1)}$ で表すと，次の状態は

$$q^{(1)} = \delta(q, x)$$

と表すことができる。ここで，$\delta(\ )$ は次の状態を決め，現在の状態を次の状態に"遷移"させるので，**状態遷移関数**と呼ばれる。この関係は**図6.3**で示すことができる。

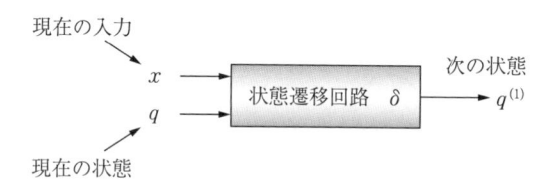

図6.3 状態遷移関数

状態は前章で述べたフリップフロップにより保持され，図6.3で求めた次の状態は，次の入力のときの現在の状態となる。この関係を図に表すと**図6.4**のようになる。この回路は，新しく出てきた次の状態を記憶して次の入力時まで保持するので，**状態遅延回路**（簡単には**遅延回路**）とも呼ばれる。

82　6. 順 序 回 路

図 6.4　状態記憶と状態遅延回路

これらの回路を組み合わせて順序回路のブロック図を構成すると**図 6.5** のようになる。

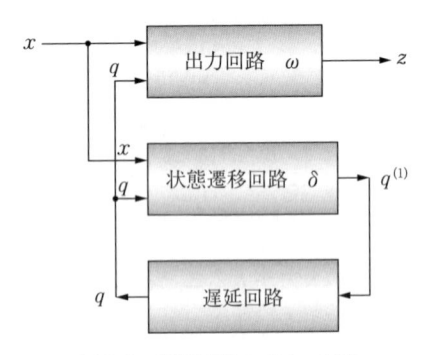

図 6.5　順序回路のブロック図

6.2　順序回路の表現

いま，例として**図 6.6** に示すような順序回路を考える。すなわち，状態が q_0, q_1, q_2, q_3 の四つあり，q_0 の状態にあるとき，x_0 が入力されたとき z_0 を出

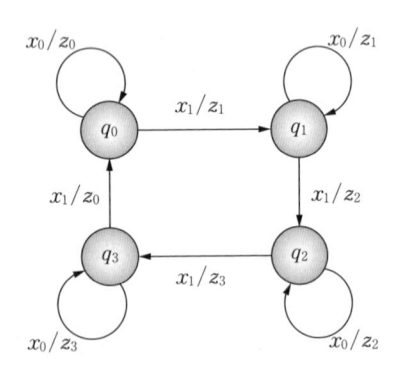

図 6.6　状態遷移図

力し，状態が q_0 から q_0（同じ状態）に遷移し，x_1 が入力されたとき z_1 を出力し，状態が q_0 から q_1 に遷移するとする。また，q_1 の状態にあるとき，x_0 が入力されると z_1 を出力し，状態が q_1 から q_1（同じ状態）に遷移し，x_1 が入力されると z_2 を出力し，状態が q_2 に遷移するとする。q_3，q_4 の状態のときも同様に，図のように出力しながら遷移するとする。この図は入力による出力と状態の遷移を表すので**状態遷移図**と呼ばれる。

この順序回路を，状態遷移を表す**状態遷移表**と出力を表す**出力表**として表すと，**表 6.1** のようになる。

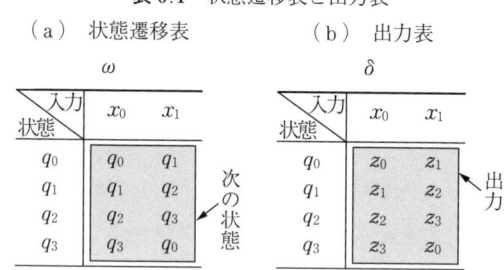

表 6.1 状態遷移表と出力表

(a) 状態遷移表　　ω

入力＼状態	x_0	x_1
q_0	q_0	q_1
q_1	q_1	q_2
q_2	q_2	q_3
q_3	q_3	q_0

→ 次の状態

(b) 出力表　　δ

入力＼状態	x_0	x_1
q_0	z_0	z_1
q_1	z_1	z_2
q_2	z_2	z_3
q_3	z_3	z_0

→ 出力

6.3　4進カウンタの設計

例として，1 を 4 個数えたとき出力 z_1z_0 として 11 を出力することを繰り返す同期式の 4 進カウンタを設計しよう。4 進カウンタは 0 から 3 まで数えるので，四つの状態が必要である。この状態を 00，01，10，11 で表し，これを y_1y_0 で表す。状態は記憶されなくてはならないので，そのため 2 個の D フリップフロップ FF1 と FF0 を使用し，y_1 は FF1 で，y_0 は FF0 で記憶するとする。また，FF_1，FF_0 の D 入力を d_1，d_0 とする。

この場合の状態遷移表と出力表は**表 6.2** のようになる。図 (a) から，例えば 1 行目で状態が 00 のとき，入力として 0 が入った場合は状態は変化せず，1 が入ると y_1 の値は 0 のままで，y_0 の値が 0 から 1 に変化しなければならないことがわかる（$y_1y_0 = 00 \rightarrow y_1^{(1)}y_0^{(1)} = 01$）。

表6.2 4進カウンタの状態遷移表と出力表

(a) 状態遷移表

y_1y_0 \ x	0	1
00	00	01
01	01	10
10	10	11
11	11	00

次の状態 $y_1^{(1)}y_0^{(1)}$

(b) 出力表

y_1y_0 \ x	0	1
00	00	00
01	00	00
10	00	00
11	00	11

出力 z_1z_0

(c) D-FF の励振表

$y \to y^{(1)}$	D
$0 \to 0$	0
$0 \to 1$	1
$1 \to 0$	0
$1 \to 1$	1

また,第2行目では,状態が01のときには,入力として0が入った場合は状態は変化せず,1が入るとy_1の値が0から1に変化し,y_0の値は1から0に変化しなくてはならないことがわかる($y_1y_0 = 01 \to y_1^{(1)}y_0^{(1)} = 10$)。

また,4行目の11の状態では,入力として0が入った場合は状態は変化せず,1が入るとy_1,y_0両方の値が1から0に変化しなくてはならないことがわかる($y_1y_0 = 11 \to y_1^{(1)}y_0^{(1)} = 00$)。

D-FF は入力された値をそのまま記憶するフリップフロップなので,出力を変化させる入力は表(c)のようになる。これを**励振表**と呼ぶ。

例えば**表6.3**のように,状態10で0が入力されるとき(①),$y_1 \to y_1^{(1)}$ を1→1にするためには(②),d_1として1を入力しなくてはならない(③)。また,1が入ったとき(④),$y_0 \to y_0^{(1)}$ を0→1にするためには(⑤),FF0の入力d_0は1でなければならない(⑥)。

表6.3 FF1の入力d_1の求め方

(a) 状態遷移表

y_1y_0 \ x	① 0	① ④ 1
00	00	01
01	01	10
10	10	11
11	11	00

次の状態 $y_1^{(1)}y_0^{(1)}$

(b) D-FF の励振表

$y \to y^{(1)}$	D
$0 \to 0$	0
⑥ $0 \to 1$	1
$1 \to 0$	0
③ $1 \to 1$	1

6.3 4進カウンタの設計

表6.4 フリップフロップ入力の真理値表

(a) FF1の入力 d_1

y_1y_0 \ x	0	1
00	0	0
01	0	① ← $\overline{y_1}y_0 x$
11	①	0 ← $y_1\overline{x}$
10	①	① ← $y_1\overline{y_0}$

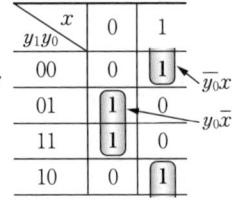

(b) FF0の入力 d_0

y_1y_0 \ x	0	1
00	0	① ← $\overline{y_0}x$
01	①	0 ← $y_0\overline{x}$
11	①	0
10	0	①

このようにして表6.2からD-FFに入力すべき値 $d_1 d_0$ の真理値表を求めると**表6.4**（a），（b）のようになる。

この真理値表からD-FFの入力を表す論理式は

$$d_1 = y_1\overline{x} + y_1\overline{y_0} + \overline{y_1}y_0 x$$

$$d_0 = y_0\overline{x} + \overline{y_0}x$$

と求められる。

一方，出力 z の真理値表は表6.2（b）より**表6.5**の真理値表が得られる。

表6.5 出力の真理値表

(a) 出力 z_1

y_1y_0 \ x	0	1
00	0	0
01	0	0
11	0	①
10	0	0

(a) 出力 z_0

y_1y_0 \ x	0	1
00	0	0
01	0	0
11	0	①
10	0	0

この表から出力の論理式は

$$z_1 = y_1 y_0 x$$

$$z_0 = y_1 y_0 x$$

となる。

これらの式から4進カウンタの論理回路は**図6.7**のようになる。出力回路の z_1, z_0 はまったく同じであるので一つを省略してもかまわない。

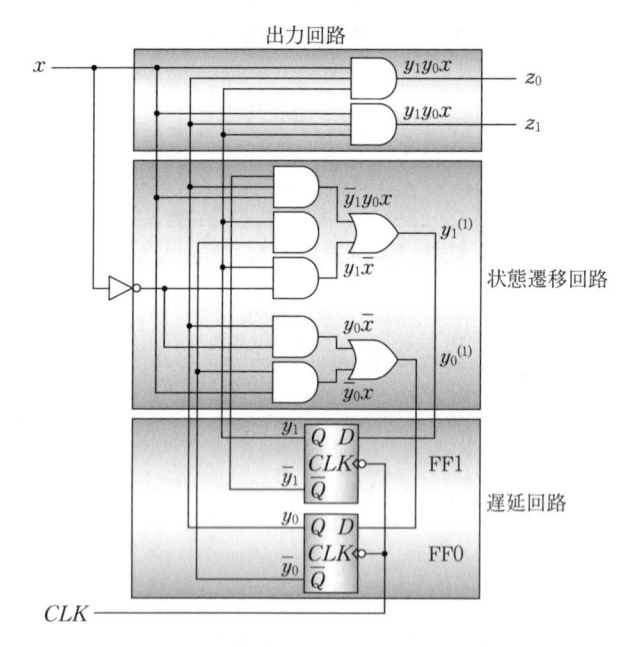

図 6.7 同期式 4 進カウンタの論理回路

6.4 状態の簡単化

　順序回路は前節に述べたように，状態遷移表，出力表が与えられると設計することができる。しかし，一般的に順序回路を考えた場合，状態の数が多くなりがちである。この場合，もし得られた順序回路に統合できる状態があれば，状態数を減少させて簡単化できる。二つの状態を統合するには，「**二つの異なる状態 q_i, q_j において，あらゆる入力に対して出力が同じで，状態の遷移が同じ**」である必要がある。

　例えば，**図 6.8**（a）のような順序回路を表す状態遷移表と出力表が与えられた場合を例に説明する。この表から状態遷移図は図（b）のように作ることができる。まず，最初に q_2, q_4 に注目する。q_2 では，入力 x_0 に対して z_0 を出力し，q_0 に遷移する。また，入力 x_1 に対して出力は z_0 で q_4 に遷移する。一

6.4 状態の簡単化

	ω	
入力\状態	x_0	x_1
q_0	q_1	q_3
q_1	q_1	q_2
q_2	q_0	q_4
q_3	q_3	q_2
q_4	q_3	q_1
q_5	q_0	q_4
q_6	q_4	q_3

	δ	
入力\状態	x_0	x_1
q_0	z_0	z_1
q_1	z_0	z_0
q_2	z_0	z_0
q_3	z_0	z_0
q_4	z_0	z_1
q_5	z_0	z_0
q_6	z_0	z_1

（a） 状態遷移表と出力表　　　　　　（b） 状態遷移図

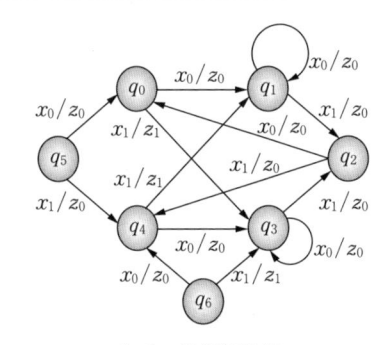

図 6.8 　与えられた順序回路

方, q_5 においても, 入力 x_0 に対して z_0 を出力し q_0 に遷移し, また入力 x_1 に対して z_0 を出力し q_4 に遷移する. すなわち

$q_2 : (x_0/z_0, \ q_2 \to q_0) \ (x_1/z_0, \ q_2 \to q_4)$

$q_5 : (x_0/z_0, \ q_5 \to q_0) \ (x_1/z_0, \ q_5 \to q_4)$

である. したがって, q_2, q_5 は遷移先も出力も同じであるので統合でき, その結果, 状態遷移図は **図 6.9 (a)** のようになる.

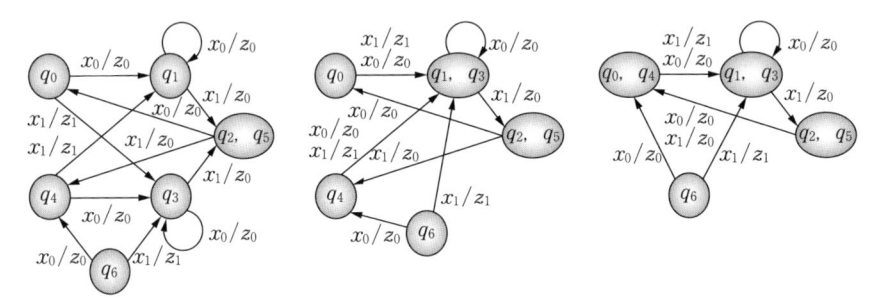

（a） q_2, q_5 を統合　　　　（b） q_1, q_3 を統合　　　　（c） q_2, q_5 を統合

図 6.9 　状 態 遷 移 図

同様に, q_1, q_3 に関しても $(x_0/z_0, \ q_1 \to q_1)$, $(x_1/z_0, \ q_1 \to (q_2 \ q_5))$ と $(x_0/z_0, \ q_3 \to q_3))$, $(x_1/z_0, \ q_3 \to (q_2 \ q_5))$ と同じであり, q_1, q_3 は統合できる. この際, q_1 へは q_4 から x_1/z_1 で遷移していたし, q_3 へは q_0 から x_1/z_1 で遷移するので, これを遷移図につけ加える. その結果, 状態遷移図は図（b）のように簡単化

される。

　図（b）では，q_0 と q_4 が $(x_0/z_0, x_1/z_1)$ で (q_1, q_3) に遷移するので，これらは一つの状態として統合できる。その結果，図（c）の状態遷移図が得られる。この状態遷移図からはさらに統合できる状態を見つけることができない。

　したがって，これが一番簡単化された状態を含む状態遷移図である。この図では状態が四つになっており，最初の七つの約半分になっている。したがって，この状態遷移図から順序回路を構成すれば，かなり簡単化された順序回路が得られる。

演 習 問 題

【1】 1が入力されるごとに 00, 01, 10, 11, 00, 01, … を出力する4進カウンタをD-FFを用いて設計せよ。

【2】 1を5個数えたとき1を出力する5進カウンタをRSフリップフロップを用いて設計せよ。

7 アナログ−ディジタル変換

ディジタル信号は0，1のように信号の間に0.134……のような連続性がない信号であり，現在はコンピュータなどを中心に盛んに使われるようになっている。

しかしながら，われわれが実際に接するのは，音や光などのように信号の強弱に連続性のあるアナログ信号である。したがって，われわれが日常接する信号をコンピュータなどで処理するには，アナログ信号をディジタル信号に変換して処理し，その結果のディジタル信号をアナログ信号に直す必要がある。

本章では，この「アナログ→ディジタル信号変換」，またはその逆の「ディジタル→アナログ信号変換」の基本的な考え方について学ぶ。

7.1 ディジタル−アナログ変換（D-A変換）

1章で述べたように，例えば2進数1101の10進数での大きさは

$$(1101)_2 = 1\times2^3 + 1\times2^2 + 0\times2^1 + 1\times2^0 = 8+4+0+1 = 13$$

と表される。したがって，2進数のディジタル信号をアナログ信号に直すには，2進数の各桁にその桁の荷重値（2^3や2^2など）を掛けて足し合わせればよい。

ディジタル−アナログ変換の原理図は**図7.1**（a）のように示すことができる。
図に示すように2^3に相当する$8I$，2^2に相当する$4I$，2^2に相当する$2I$，2^1に相当する$1I$の電流を流すことができる電流源を用意し，ディジタル信号の各桁の0，1に応じてスイッチをON，OFFする。電流源とは，そこに接続される負荷のいかんにかかわらず一定の電流を流す電源である。1101の場合は，

7. アナログ-ディジタル変換

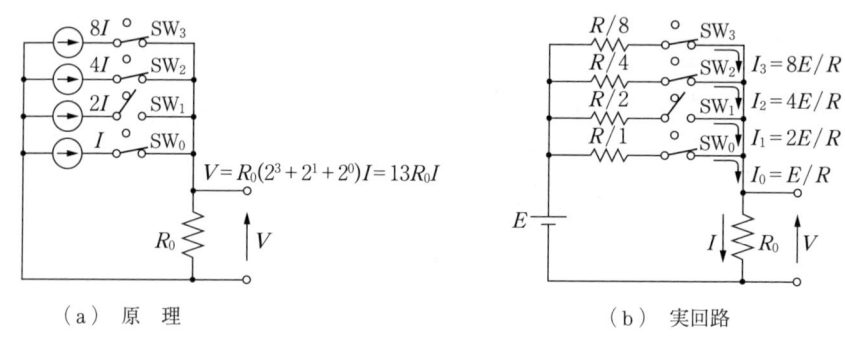

(a) 原理

$V = R_0(2^3 + 2^1 + 2^0)I = 13R_0I$

(b) 実回路

$I_3 = 8E/R$
$I_2 = 4E/R$
$I_1 = 2E/R$
$I_0 = E/R$

図7.1 ディジタル-アナログ変換回路

SW_3, SW_2, SW_0 がON になるので，電流 $8I$, $4I$, I が抵抗 R_0 に流れ，電圧は

$$V = (8 + 4 + 1)IR = 13RI$$

となり，ディジタル信号の大きさに比例したアナログ電圧が得られる。

　実際の回路では，電流源の代わりに抵抗を使い，図(b)のように構成する。この場合，それぞれのスイッチがONになると，それぞれを流れる電流は

$$I_3 = \frac{E}{R_0 + \frac{R}{8}}$$

$$I_2 = \frac{E}{R_0 + \frac{R}{4}}$$

$$I_1 = \frac{E}{R_0 + \frac{R}{2}}$$

$$I_0 = \frac{E}{R_0 + R}$$

となる。

　もし，R_0 が $\frac{R}{8}$ などと比べて十分小さければ，各スイッチがONになったとき流れる電流はおおよそ $I_3 = \frac{8E}{R}$, $I_2 = \frac{4E}{R}$, $I_1 = \frac{2E}{R}$, $I_0 = \frac{E}{R}$ となり，図(a)の電流源にほぼ等しい電流を流すことができる。この回路のディジタル-アナログ変換の精度は，R_0 の値が小さければ小さいほどよくなる。そのため，この出力端子には電子回路が接続され，等価的に R_0 が小さくなるように構成さ

れる。この回路は**荷重抵抗型 D-A 変換回路**と呼ばれる。

7.2 アナログ-ディジタル変換（A-D 変換）

われわれが普段関係するアナログ値は，多くの周波数の正弦波の重ね合わせで表すことができることが知られている。アナログ値をディジタル値に直すには，これらの波形の一部を取り出し（サンプリング），その電圧をディジタル値に変換する。サンプリング理論によると，周波数 f を持つアナログ波形はその周波数の 2 倍，$2f$ の周波数でサンプリングすれば，元のアナログ波形が再現されることが知られている（**サンプリング定理**）。

アナログ値をディジタル値に直す A-D 変換回路は，このサンプリングされた信号を保持し，それをディジタル値に変換する。おもな A-D 変換回路には比較平衡型と計数型がある。

比較平衡型は，あるディジタル信号（説明のため暫定ディジタル値と呼ぶ）を設定し，それを D-A 変換器によってアナログ値（説明のため暫定アナログ値と呼ぶ）に直し，その暫定アナログ値と変換すべきアナログ値を比べ，大きければ暫定ディジタル値を減らし，小さければ暫定ディジタル値を増やすことによって，暫定アナログ値を変換アナログ値に等しくする。そのときの暫定ディジタル値を変換アナログ値とする方法である。

一方，計数型の A-D 変換回路は，アナログ値に比例する時間間隔を作り，その間のパルスの数を計数することによって A-D 変換を行う方法である。ここでは，比較平衡型 A-D 変換回路について述べる。

図 7.2 に示すのは，比較平衡型 A-D 変換回路である。フリップフロップ FF3 から FF0 にセットされた暫定ディジタル値を，D-A 変換器を用いてアナログ値 V_c に直し，それと変換したいアナログ値 V_a と比較し，V_c が小さければ暫定ディジタル値を増し，大きければその値を減らすことによって，V_c を V_a に近づけていく。FF3 から FF0 の設定値を制御する回路としてリングカウンタと AND（G0～G3）ゲートが接続されている。

7. アナログ-ディジタル変換

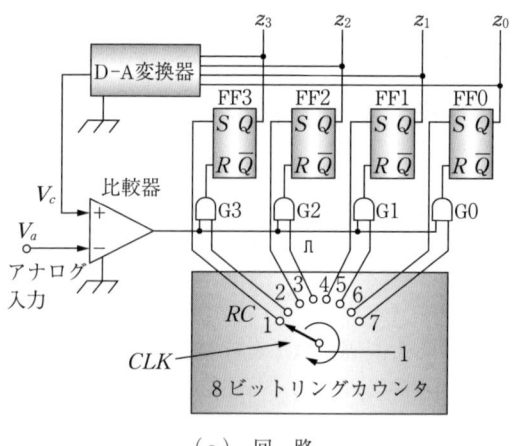

RC	V_a	V_c	ディジタル値 FF	R
1	13	8	1000	
2	13	8	>1000	0
3	13	12	1100	
4	13	12	>1100	0
5	13	14	1110	
6	13	12	<1100	1
7	13	13	1101	
8	13	13	=1101	0

（a）回 路　　　　　　　　（b）回路の動作

図7.2　比較平衡型 A-D 変換回路

　この回路は次のように動作する．はじめにすべてのFFが0に設定されているとする．FFのS端子はFFをセットするための端子で，FFのR端子に接続されているAND回路はそのFFの値をリセットするための回路である．最初にリングカウンタがRC端子1に1を出力すると，この値が最上桁を表すFF3のS端子に入力され，FF3がセットされる．すると，それがD-A変換器に入力され，それに相当するアナログ電圧V_cが出力される．入力されているアナログ入力V_aは比較器によってこのV_cと比較され，もし，$V_a < V_c$ならば，比較器は信号1を出し，それがANDゲートG3に入力され，次にリングカウンタが出力2に1を出力したとき，G3がONになり，FF3のR端子に1が入力され，FF3はリセットされる．

　もし，$V_a > V_c$または$V_a = V_c$ならば，FF3はリセットされず，ディジタル値の最上位ビットが1と記憶される．

　このことがFF2，FF1，FF0に対して繰り返され，最後にフリップフロップに記憶されている値がV_aに相当するディジタル値になる．

　例としてアナログ入力V_aが13ボルトのときの回路の動作を図（b）に示す．最終的にFF3～FF0が1101となり，これが13ボルトに相当するディジタル

値となる。この回路ではリングカウンタの値が RC の 1 から 8 まで出力されることによって，アナログ値がアナログ値に変換されるので，アナログ信号をディジタル信号に変換する時間は，8 個のクロックパルスを入力する時間となる。

演　習　問　題

【1】　図 7.1 の荷重抵抗型 D-A 変換回路では，抵抗 R_0 の値が小さければ小さいほど精度が上がった。オペアンプを用いて入力抵抗を小さくする回路を作れ。
【2】　サンプルホールド回路を示せ。
【3】　計数型 A-D 変換回路の原理を調べよ。

C8 高速演算方式

演算を高速に行うキーワードは並列処理である。各桁の計算を同時に行う，シリアル処理である桁上げ伝搬をなくす，符号つきディジット（signed digit）表記を使うなどにより高速化する。ここでは，演算を高速化する方法について述べる。

8.1 桁上げ保存加算器

$A+B+C+D+\cdots\cdots$ のような繰り返し加算を行う場合

$S=0$
$S=S+A$
$S=S+B$
$S=S+C$
……
……

というふうに部分加算結果に A を加え，その部分和に B を加えるというような繰り返し加算を行う。この場合，各加算ごとに計算を完了させていれば，そのときのキャリー（桁上げ）の伝搬などで加算速度が落ちる。そのため，例えば $S+B$ を加えたときキャリーを別に格納しておき，次の $S=S+C$ のとき，格納してあった部分和と C とキャリーとの加算を行う。このことを繰り返すことによって計算を行う。最後には入力を 0 として，保存してあったキャリーと最後の部分和の加算をキャリーがなくなるまで繰り返す。このような加算器

を**桁上げ保存加算器**（CSA：carry save adder）と呼ぶ。

桁上げ加算器の一例を図 8.1 に示す。この図で c_3, c_2, c_1, c_0 が桁上げ値を保存するレジスタで，s_3, s_2, s_1, s_0 が部分和を格納するレジスタである。全加算器 FA で部分和と保存してあったキャリーと入力値が加えられる構造となっている。

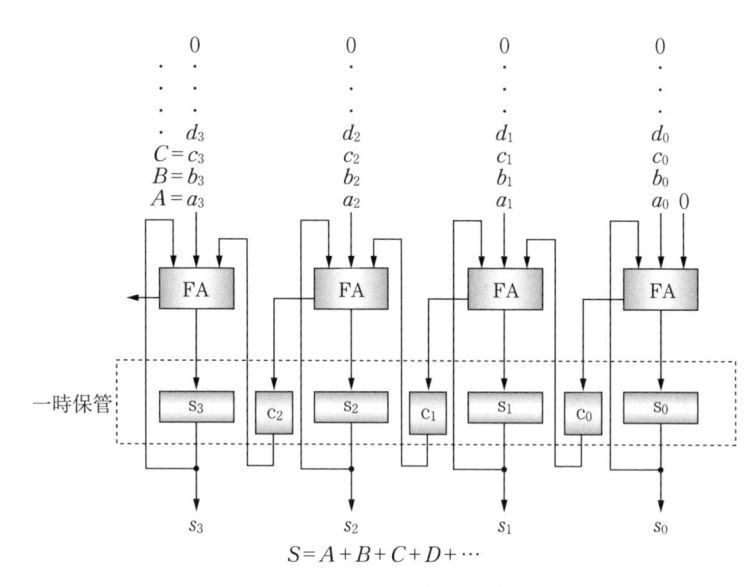

図 8.1 桁上げ保存加算器

8.2 SD 表現による並列加減算

各桁を 0 と 1 のような正整数だけでなく，−1 のような負数を使うことによって計算を行う方法もある。このような表現方法は**符号つきディジット**（**SD**：signed digit）表示法と呼ばれる。

いま，−1 を $\underline{1}$ で表すことにすれば，その値は

$$10\underline{1}1 = 1 \times 2^3 + 0 \times 2^2 + (-1) \times 2^1 + 1 \times 2^0 = 8 + (-2) + 1 = 7$$

となり，また，各桁の正負を反転させると

$$\underline{1}01\underline{1} = (-1) \times 2^3 + 0 \times 2^2 + 1 \times 2^1 + (-1) \times 2^0 = -8 + 2 - 1 = -7$$

となり，**反SD数**と呼ばれる負の数が得られる。

SD表示には冗長性がある。例えば，-1 の値を表す4ビットのSD表示は

$000\bar{1} = -1$

$00\bar{1}1 = -2+1 = -1$

$0\bar{1}11 = -4+2+1 = -1$

$\bar{1}111 = -8+4+2+1 = -1$

と4個ある。このうち，最小の重み（1と$\bar{1}$の数）を持ったSD表示を**最小SD表示**という。この例では，$000\bar{1}$ が重みが一つで最小SD表示である。

2進数 $b_{i-1}, b_{i-2}, \cdots, b_1, b_0$ のSD2進数 $g_{i-1}, g_{i-2}, \cdots, g_1, g_0$ への変換は次のように行う。ここで，b_i は2進数の i 桁目の数字，c_{i+1} は i 桁からの桁上げとする。また，d_i を中間和分と名づける。

$b_i = 0$ のとき

$c_{i+1} = 0$

$d_i = b_i - 2 \times c_{i+1} = 0 - 2 \times 0 = 0$

$g_i = d_i + c_i = c_i$

$b_i = 1$ のとき

$c_{i+1} = 1$

$d_i = b_i - 2 \times c_{i+1} = 1 - 2 \times 1 = 1 - 2 = -1$

$g_i = d_i + c_i = -1 + c_i$

例えば，2進数 010110 は，**表8.1**のように，SD2進数 $11\bar{1}0\bar{1}0$ に変換される。各2進数の大きさ b_v, g_v は

$b_v = 010110 = 16+4+2 = 22$

$g_v = 11\bar{1}0\bar{1}0 = 32-16+8-2 = 22$

表 8.1

i	6	5	4	3	2	1	0
b_i		0	1	0	1	1	0
c_i	0	1	0	1	1	0	
d_i		0	$\bar{1}$	0	$\bar{1}$	$\bar{1}$	0
g_i		1	$\bar{1}$	1	0	$\bar{1}$	0

8.2 SD表現による並列加減算

となり，同じ値を示す．

SD表示を使って15+1の計算をする．15はSD表示では1000$\underline{1}$，1は0001$\underline{1}$であるので，計算は以下のようになる．

$$\begin{array}{r} 01111 = 15 \\ +)\ 00001 = 1 \\ \hline 10000 = 16 \end{array} \qquad \begin{array}{l} 01111 = 1000\underline{1} \\ 00001 = 0001\underline{1} \end{array} \qquad \begin{array}{r} 1000\underline{1} = 15 \\ +)\ 0001\underline{1} = 1 \\ \hline 10000 = 16 \end{array}$$

4章で述べたように加減算を遅くする大きな原因は桁上げ伝搬である．この桁上げ伝搬が1桁で終わるような数の表現方法があれば，連続的な桁上げ伝搬を起こすことなく加減算が行え，各桁ごとの同時演算（並列演算）が可能になるので，高速加減算が可能になる．

いま，n桁の加算数 $a_{n-1}\cdots a_{i+1}\ a_i\ a_{i-1}\cdots a_1\ a_0$ と被加算数 $b_{n-1}\cdots b_{i+1}\ b_i\ b_{i-1}\cdots b_1\ b_0$ の演算を行うとする．各桁の並列演算が可能であるためには，加減算の上位桁への桁上げが，その桁の加算数と被加算数のみの加減算で求まり，すなわち

$$c_{i+1} = h(a_i, b_i)$$

であり，また，加減算結果の各桁 s_i が，加算数 a_i，被加算数 b_i と下位桁からの桁上げ c_i のみで求まる，すなわち

$$s_i = f(a_i, b_i, c_i)$$

である必要がある．また，減算は反SD数（負のSD数）の加算によって行えることも必要である．すなわち

$$a_i - b_i = a_i + \underline{b_i} \tag{8.1}$$

である必要がある．ここでは，桁上げ c_{i+1} は正負の値を取り得る．

以上のことよりSD数による加算は次のように行う．各桁の桁上げディジット c_{i+1} と各桁の中間和分 d_i を，加算数と被加算数の各桁の加算によって求める（基数を r とする）．

$$r\ c_{i+1} + d_i = a_i + b_i \tag{8.2}$$

i 桁の和 s_i は中間和分 d_i と下位桁からの桁上げディジット c_i の和のみで求められる．

$$s_i = d_i + c_i \tag{8.3}$$

式 (8.2) より中間和分は

$$d_i = (a_i + b_i) - r \cdot c_{i+1} \tag{8.4}$$

となる。ここで，c_{i+1} は

$d_{min} \leqq a_i + b_i \leqq d_{max}$ のとき 0

$a_i + b_i > d_{max}$ のとき 1

$a_i + b_i < d_{min}$ のとき $\underline{1}$

いま $r = 10$，中間和分集合を $\{-5, -4, -3, -2, -1, 0, 1, 2, 3, 4, 5\}$，各桁ディジット集合を $\{-6, -5, -3, -2, -1, 0, 1, 2, 3, 4, 5, 6\}$ とするとき

　　加　数　$a = 1.45\underline{3} = 0.647$

　　被加数　$b = 0.\underline{3}36 = -0.264$

の加算は**表 8.2** のように行われる。

表 8.2　SD 表現による加算

加　数　a_i	1	$\underline{4}$	5	$\underline{3}$
被加数　b_i	0	$\underline{3}$	3	6
直接和　$a_i + b_i$	1	$\underline{7}$	8	3
桁上げ　c_i	$\underline{1}$	1	0	0
中間和　$d_i = (a_i + b_i) - r\,c_{i+1}$	$1 - 0 = 1$	$\underline{7} + 10 = 3$	$8 - 10 = \underline{2}$	$3 - 0 = 3$
和　$s_i = d_i + c_i$	$\underline{1} + 1 = 0$	$1 + 3 = 4$	$0 + \underline{2} = \underline{2}$	$0 + 3 = 3$

以上の表より

　　$s = 0.42\underline{3} = 0.383$

と「桁上げ伝搬なし各桁」を同時に計算することにより求めることができる。$a + b = 0.647 - 0.264 = 0.383$ となるので結果が正しいことがわかる。

8.3　配列型乗算器

乗算は**図 8.2**（a）に示すように，被乗数 A に乗数 B の各桁を掛けたもののシフトと足し算によって行われる。積は

8.3 配列型乗算器

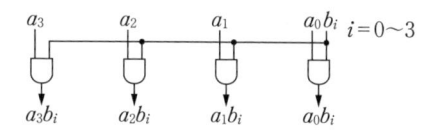

```
被乗数 A         a₃   a₂   a₁   a₀
乗数 B      ×)   b₃   b₂   b₁   b₀
                a₃b₀ a₂b₀ a₁b₀ a₀b₀
           a₃b₁ a₂b₁ a₁b₁ a₀b₁
      a₃b₂ a₂b₂ a₁b₂ a₀b₂
   +) a₃b₃ a₂b₃ a₁b₃ a₀b₃
積 P  p₇  p₆  p₅  p₄  p₃  p₂  p₁  p₀
```

（a） 乗算法

（b） 被乗数計算回路

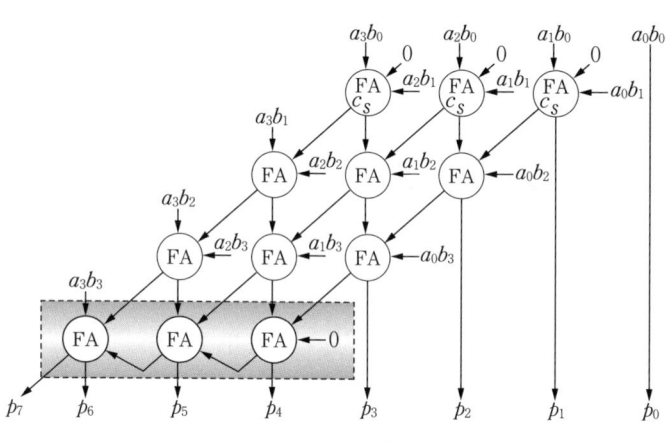

（c） 配列型乗算回路

図 8.2 配列型乗算器

$$P = b_3 A \times 2^3 + b_2 A \times 2^2 + b_1 A \times 2^1 + b_0 A \times 2^0$$

のように計算されるので，各項を別々に計算できる．したがって，図（c）に示すように全加算器 FA をアレイ状に接続し，図（b）に示すように被乗数の部分積を作り，それを各列にある全加算器 FA で加算することによって乗算結果が得られる．

この配列型乗算器ではハードウェア量が増加するが，計算時間を短くするこ

とができる。この例では計算は基本的に4ステップで終わるが，最後の加算で桁上げ伝搬が起こる。ここに桁上げ先見回路などを使えば，桁上げ伝搬をなくすことができるのでより速い乗算器となる。ハードウェア量の増加は，昨今のLSI技術の進歩によりハードウェア量それ自体はそれほど大きな問題ではなくなってきている。

8.4 複数ビット走査型乗算

乗算は一般的に**図8.3**(a)のように行う。この場合，加算回数は乗数の桁数と同じ6回となる。これを図(b)のように，乗数の複数ビットを単位として走査して乗算すると，加算回数が2回に減少し乗算速度が速くなる。

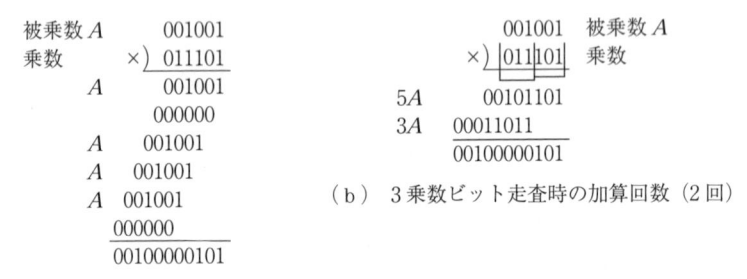

```
被乗数 A     001001                        001001  被乗数 A
乗数       ×) 011101                   ×) |011|101| 乗数
       A     001001                5A    00101101
             000000                3A    00011011
       A    001001                       00100000101
       A   001001
       A  001001              (b) 3乗数ビット走査時の加算回数 (2回)
          000000
        00100000101
```

(a) 乗数ビットと加算回数 (6回)

図8.3 複数ビット走査型乗算

例えば，乗数を3ビット (m_2, m_1, m_0) ずつ見ていって，それぞれの値に対して**表8.3**に示す被乗数Aの倍数を加算する数として用意する。

そして，図8.3(b)に示すように乗数を走査し，最初の101を走査したときには$5A$を加算し，次の011の走査では$3A$を加える。このようにすればこの例では2回の加算で乗算が終了する。

表8.3

m_2	m_1	m_0	加算数
0	0	0	0
0	0	1	A
0	1	0	$2A$
0	1	1	$3A$ ($=2A+A$)
1	0	0	$4A$
1	0	1	$5A$ ($=4A+A$)
1	1	0	$6A$ ($=4A+2A$)
1	1	1	$7A$ ($=4A+2A+A$)

この場合に $7A$ などの必要な加算値は，A, $2A$, $4A$ を加算することにより を作る．この計算方式は一度に走査するビット数が増えるに従って加算数が減少するが，一方で多くの A の倍数値が必要となる．

8.5　符号つきディジット2進数表示による乗算

乗算は乗数の1の数だけ被乗数のシフトと加算を繰り返すので，乗算速度は乗数の1の数に関係する．したがって，乗数の1の数を減らすことができれば乗算速度を上げることができる．例えば，001111100 を SD 表示を用いて 01000$\underline{0}$100 とすれば，1の数が5個から2個へと減り，被乗数の加算が3回も減る．すなわち，乗数の1の列を見つけ，それを SD 表示を使って表現し，1の数を減らすことによって加算回数を減らす．これは

$$2^6 \times A + 2^5 \times A + 2^4 \times A + 2^3 \times A + 2^2 \times A$$

の計算を

$$2^7 \times A - 2^2 \times A$$

の計算に変換することである．乗数の表示方法が2進表示から SD 表示に変えられるので，**ビット列リコード（再コード）型乗算**とも呼ばれる．

この計算は，1の並びの最下位桁で1を引き，（最上位+1）桁で1を足すという組み合わせで完結する．したがって，下位桁から見ていった場合，乗数の最上位桁が0で終わっている場合は正しい結果を出力するが，1で終わっている場合は最上位+1桁で1を足す計算を行わないので引き過ぎた結果を出力してしまう．したがって，正しい結果を得るためには，最上位桁が0になるように0をつけ加えて行うか，そうでない場合は，最上位桁が1で終わった場合には計算値を修正する必要がある．

例として，**図 8.4** にビット列リコード型乗算を示す．図では1ビットを重複して3ビットずつ下位桁から上位桁に向かって走査する場合の乗算法である．

走査中見つけたビット列 b_{i+2}, b_{i+1}, b_i の値によってビット列の始まりとか終わりとかを判断し，図（b）に示す加算数を加算する．

```
    010110101
 ×) 001111100
    ‾‾‾‾‾‾‾‾‾
         走査
```

（a）重複3ビット
　　　走査乗算

```
SD 表示    010000100
2進表示    001111100
              ‾‾‾‾‾
              2A  0 −4A
```

（c）乗数リコード

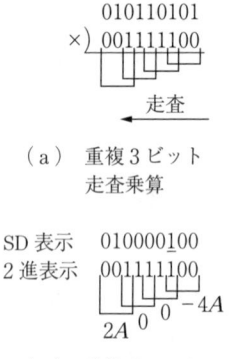

b_{i+2}	b_{i+1}	b_i	加算数	修正値	ビット列
0	0	0	0	0	なし
0	0	1	$+2A$	0	終わり
0	1	0	$+2A$	0	孤立
0	1	1	$+4A$	0	列中終わり含む
1	0	0	$-4A$	$+8A$	始まり
1	0	1	$-2A$	$+8A$	始まりと終わり
1	1	0	$-2A$	$+8A$	列中始まり含む
1	1	1	0	$+8A$	列中

（b）乗数ビットと加算数

図 8.4 ビット列リコード型乗算

最上位ビットが1で終わった場合は修正値を使う。すなわち，図（c）のように，走査中100を見つけた場合はこれを1ビット列の始まりと解釈して$-4A$を加算し，111のビット列を見つけた場合は1ビット列中と見なして0を加算し，001を見つけた場合は1のビット列の終わりと見なして$2A$を加算する。これは結果的に乗数をSD表示に変えて乗算していることと同じとなる。

8.6　Boothの乗算器

Booth の乗算器と呼ばれるものは，2ビットを基本単位とする基数4のビット列リコード型乗算器の一種である。2の補数を直接乗算できるという特徴を有している。Boothの乗算器では，2進数の最下位と最上位ビットに0を付け加え，次の規則に従ってSD数g_iを作る。

表 8.4

b_i	b_{i-1}	g_i	意味
0	0	0	非ビット列
0	1	1	ビット列の終わり
1	0	$\underline{1}$	ビット列の始まり
1	1	0	ビット列中

$b_i = b_{i-1}$ のとき　$g_i = 0$

$b_i < b_{i-1}$ のとき　$g_i = 1$

$b_i > b_{i-1}$ のとき　$g_i = \underline{1}$

これは**表 8.4**のように1のビット列を見つけていることに相当する。

できあがったg_iを2ビット組み合わせ，$\underline{1}0$, $0\underline{1}$, 00, 01, 10, または, $\underline{1}0$,

$\underline{11}$, 00, $\underline{11}$, 10 で基数 4 のビット列リコード型の重複型走査方式乗算を行う。

Booth の乗算器は**図 8.5** のように構成される．図は 32 ビット乗算器の場合であり，4 ビット重複走査を行う．それぞれの 4 ビット走査では，2 ビットずつ重複走査手続きを 3 個並列に行い，4 ビットをリコードする．

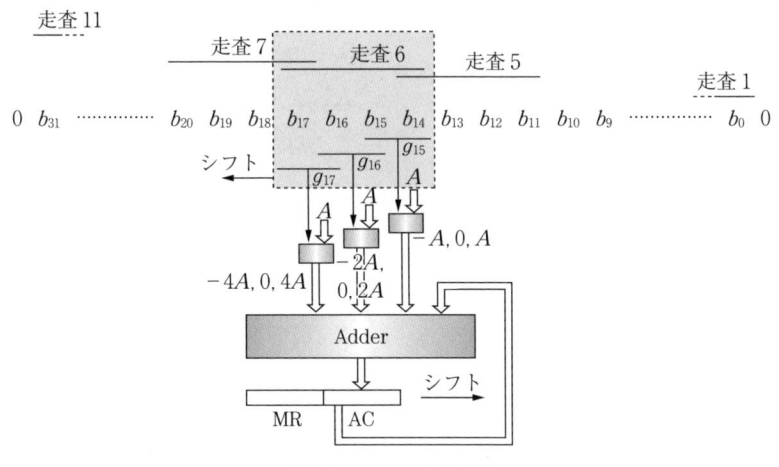

図 8.5 Booth の乗算器

リコードは**表 8.5** のように行われており，このリコード結果に従って A の倍数 A, $2A$, $4A$ の加減算を行う．

表 8.5 リコード表

$b_{i+2} b_{i+1} b_i b_{i-1}$	$g_{i+2} g_{i+1} g_i$	加減算倍数
0000	000	0
1000	$\underline{1}$00	$-4A$
0100	$\underline{1}$10	$4A - 2A$
1100	0$\underline{1}$0	$2A$
0001	001	A
1001	$\underline{1}$01	$-4A + A$
0101	$\underline{1}$1$\underline{1}$	$4A - 2A + A$
1101	0$\underline{1}$1	$-2A + A$
0010	01$\underline{1}$	$2A + A$
1010	$\underline{1}$1$\underline{1}$	$-4A + 2A - A$

8.7 SRT 除算法

小数の筆算による除算は図 8.6 に示すように行われる。

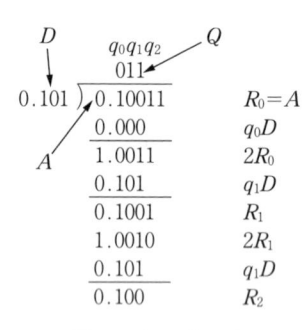

```
       D         q₀q₁q₂   Q
       ↓         011
     0.101 ) 0.10011        R₀=A
             0.000          q₀D
       ↗   1.0011           2R₀
       A    0.101           q₁D
             0.1001         R₁
             1.0010         2R₁
             0.101          q₁D
             0.100          R₂
```

図 8.6 除算法

SRT 除算法と呼ばれる除算法は, Sweeney, Robertson, Tocher の 3 人により独立に提案された方式である。SRT 除算法では商 Q_i のディジットとして $q_i = \{-1, 0, +1\}$ を用いる。いま, 部分剰余を R_i, 除数を D とし, 部分剰余の初期値を $R_0 = A$, 商の初期値を $Q_0 = 0$ とすると,

SRT 除算法では次の漸化式

$$R_{i+1} = 2R_i - q_{i+1}D$$
$$Q_{i+1} = Q_i + q_{i+1}2^{-(i+1)}$$

で, 常に $-D \leq 2R_i < D$ が成り立つように q_{i+1} を選ぶ。そのために次のように計算を行い, $2R_i$ が 0 になったとき計算を終了する。

$2R_i \leq -D$ の場合　　$q_{i+1} = -1$, $R_{i+1} = 2R_i + D$

$-D \leq 2R_i < D$ の場合　$q_{i+1} = 0$, $R_{i+1} = 2R_i$

$2R_i \geq D$ の場合　　　$q_{i+1} = 1$, $R_{i+1} = 2R_i - D$

このときの部分剰余 $2R_i$ と除数 D, 取り得る商 q_{i+1} と次の部分剰余 R_{i+1} との関係は, 図 8.7 のようになる。この図はロバートソン図と呼ばれている。

もし, 除数と部分剰余が正規化されていれば, 部分剰余と除数の正確な比較が必要なくなり, 除数が最小の場合 ($D = 0.100\cdots = 1/2$) を仮定すればよいことが知られている。この場合には以下のように

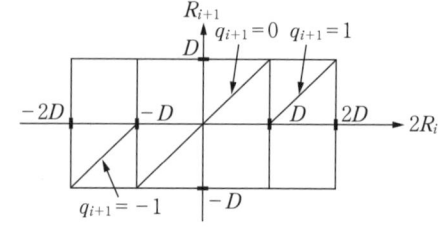

図 8.7 ロバートソン図

0.100…と比べればよいので，計算が非常に簡単になる．

$2R_i \leq -0.100\cdots$ の場合　　　$q_{i+1}=-1,\ R_{i+1}=2R_i+D$

$-0.100\cdots \leq 2R_i < 0.100\cdots$ の場合　$q_{i+1}=0,\ R_{i+1}=2R_i$

$2R_i \geq 0.100\cdots$ の場合　　　$q_{i+1}=1,\ R_{i+1}=2R_i-D$

〔**例**〕　$\dfrac{A}{D} = \dfrac{0.1001011}{0.1101001}$

この場合

　　$A = 0.1001011,\ D = 0.1101001,\ -D = 1.0010111$

であり，除算は**表8.6**のように行われる．

表8.6

計　算		条　件	商
A $2R_0 = 2A$ $-D$	0.1001011 01.001011 11.0010111	$2R_0 \geq 0.100\cdots$	$q_1 = 1$
R_1 $2R_1$ $-D$	0.0101101 00.101101 11.0010111	$2R_1 \geq 0.100\cdots$	$q_2 = 1$
R_2 $2R_2$	1.1110001 11.110001	$-0.100\cdots \leq 2R_2 \leq 0.100\cdots$	$q_3 = 0$
R_3 $2R_3$	1.1100010 11.100010	$-0.100\cdots \leq 2R_3 \leq 0.100\cdots$	$q_4 = 0$
R_4 $2R_4$ $+D$	1.1000100 11.000100 0.1101001	$2R_4 \leq -0.100\cdots$	$q_5 = -1$
R_5 $2R_5$ $-D$	0.1110001 01.110001 11.0010111	$2R_5 \geq 0.100\cdots$	$q_6 = 1$
R_6	0.1111001		

$Q = 110011$

8.8　浮動小数点乗算および加減算法

浮動小数点数乗除算は**図8.8**のように行う．この場合は，加数の乗算と指数の加減算で行えるので，計算の複雑性は整数演算とそれほど大きく変わらな

8. 高速演算方式

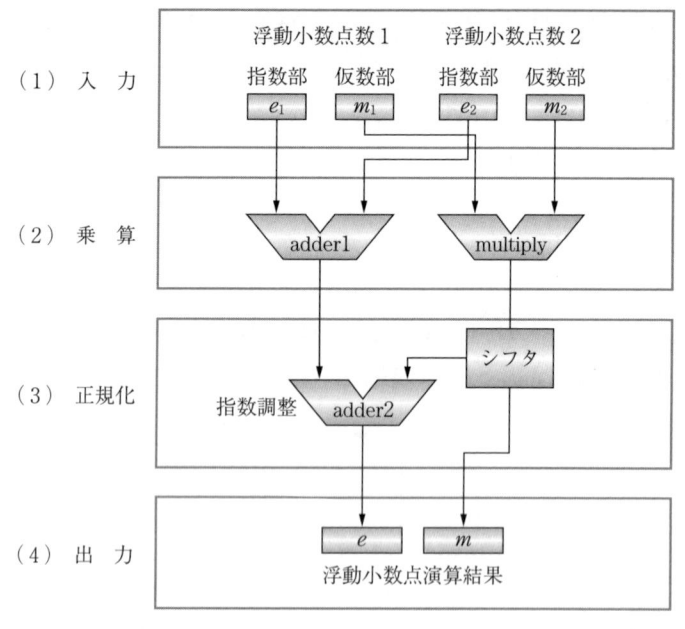

図8.8 浮動小数点乗算器

い。いま，二つの浮動小数点数を $m_1 \times 2^{e1}$ と $m_2 \times 2^{e2}$ とすると，乗算は

$$m_1 \times m_2 \times 2^{e1+e2}$$

のように行う。加算器 adder1 で指数部の加算を行い，乗算器 multiply で仮想部の乗算を行う。その後，仮想部をシフタに送り，小数点第1桁にゼロがこなくなるまで左シフトし，シフトした回数を adder2 により指数部から減じて正規化する。

除算は

$$\frac{m_1}{m_2} \times 2^{e1-e2}$$

のように行うので，図8.8の multiply の代わりに除算器を用意し，adder1 で減算を行えば除算器となる。

浮動小数点の加減算の場合は，指数部を一致させなければならないので，手続きが少し異なってくる。仮数部の加減算の前に指数部を大きいほうに合わせ，以下のような形で加減算を行う。

8.8 浮動小数点乗算および加減算法

$e_1 \geqq e_2$ のとき　$m_1 \times 2^{e1}$
　　　　　　　　　$m_2 \times 2^{e2-e1} \times 2^{e1}$
$e_1 < e_2$ のとき　$m_1 \times 2^{e1-e2} \times 2^{e2}$
　　　　　　　　　$m_2 \times 2^{e2}$

そのために，図 8.9 の回路で指数部の大小関係を加算器 adder1 によって調

(1) 入　力　　浮動小数点数 1 (仮数部 m_1，指数部 e_1)　　浮動小数点数 2 (仮数部 m_2，指数部 e_2)

(2) 指数部比較選択　SWg, SWs, adder1, SWe → mg, ms, eg

(3) 仮数部桁合わせ　shifter　右シフト数 ($|e_1 - e_2|$)

(4) 仮数部演算　adder2　仮数部加減算結果

(5) 先頭のゼロ計測　先頭 0 数計測

(6) 正規化　shifter　左シフト数　adder3

(7) 出　力　m　e　浮動小数点演算結果

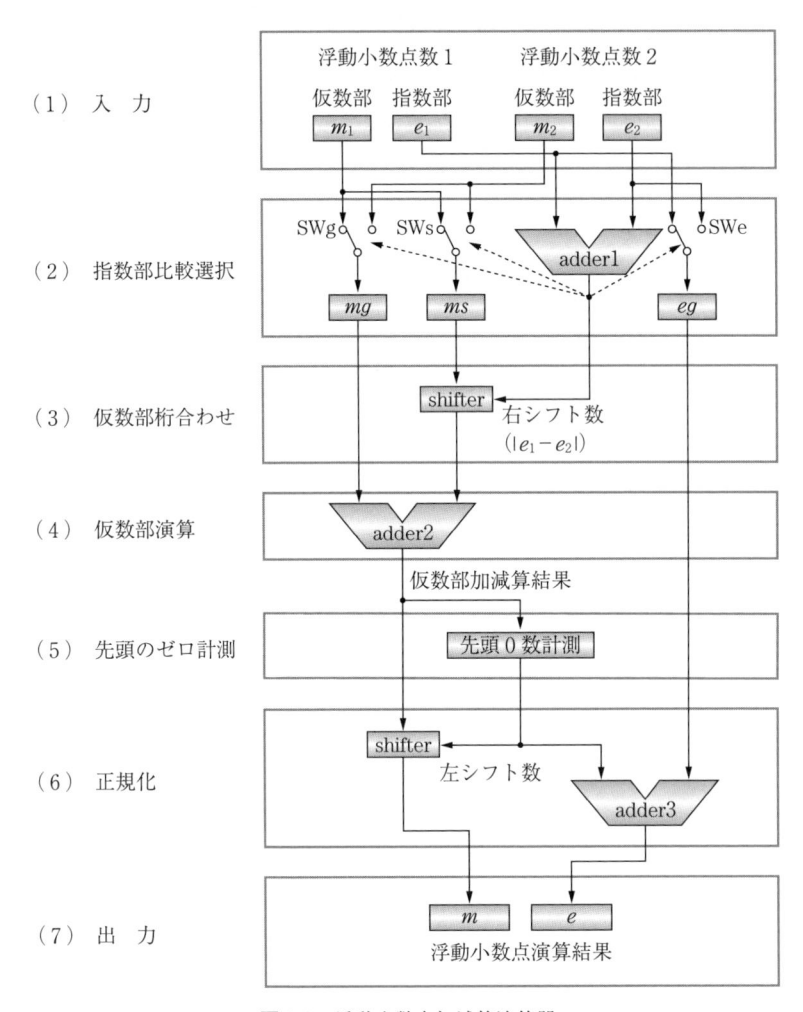

図 8.9　浮動小数点加減算演算器

べ，その結果を使って指数部を大きいほうにそろえ，スイッチ SWe を切り替えて大きいほうを eg レジスタに入れる。それとともに，SWg，SWs を切り替え，指数部が大きいほうの仮数を mg に入れ，小さいほうを ms に入れ（2），小さい仮数を eg 分右シフトして桁合わせをする（3）。その後，仮数部の演算を adder2 によって行い，次に演算結果の先頭のゼロの数を数える（5）。次に演算結果の仮数部を数えたゼロの数だけ左シフトし，小数点以下にゼロが出ないようにして正規化する（6）。また，指数桁を合わすために左シフトした数（ゼロの数）を adder3 により eg に加算する（6）。その結果が演算結果として出力される（7）。

演 習 問 題

【1】 −3 の SD 表示を求めよ。
【2】 0110 と 0101 の乗算を配列型乗算器を用いて行え。

9 基本論理素子の電子回路

論理回路の基本となる論理素子はアナログ電子回路で作られている。本章では「論理素子を電子的にどのように作り上げるか」という，論理素子の電子回路について述べる。

9.1 基本半導体素子

AND，OR，NOT などの論理演算素子は，**ダイオード**や**トランジスタ**，**電界効果トランジスタ（FET）**などから作られる。トランジスタと FET は増幅素子であるが，入力抵抗の大きさが違っている。

トランジスタは入力抵抗（**入力インピーダンス**）が小さく，かなりの入力電流が流れるが，FET は入力抵抗が大きく，ほとんど電流が流れない。すなわち，トランジスタは電流で ON，OFF を制御する素子であるのに対して，FET は電圧で ON，OFF を制御する素子であるといえる。

素子の入力インピーダンスは，抵抗とコンデンサの並列接続とそれにコイルが接続された等価回路で表される。一般にコイル成分は小さいので無視することが多い。トランジスタでは，入力の抵抗成分値が低いので，これが入力インピーダンスの主成分となるのに対し，FET では，抵抗成分値が大きいので，コンデンサ成分が入力インピーダンスの主成分となる。ダイオードは一方向にのみ電流を流す素子である。

図 9.1（b）に示すのは FET の記号である。FET はゲートに電圧をかけるとソース，ドレイン間が ON になり電流が流れる。FET には **nMOS 型**と **pMOS**

110   9. 基本論理素子の電子回路

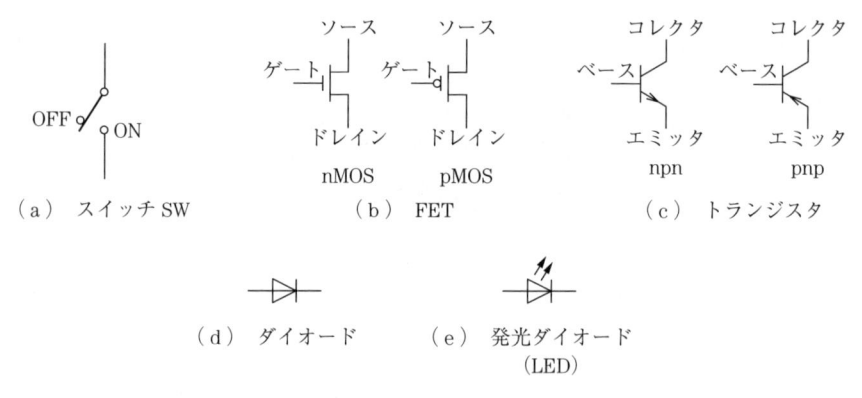

```
（a）スイッチ SW     （b）FET         （c）トランジスタ
   OFF  ON        nMOS  pMOS        npn    pnp
                  ソース  ソース      コレクタ コレクタ
                  ゲート  ゲート      ベース   ベース
                  ドレイン ドレイン    エミッタ  エミッタ

     （d）ダイオード   （e）発光ダイオード
                          （LED）
```

図 9.1 スイッチ素子

型の 2 種類があり，前者はゲートに正電圧をかけると ON となり，後者は 0 近辺の電圧をかけると ON となる．正電圧を H（High）信号，ゼロ近辺の電圧を L（Low）信号と呼ぶことも多い．

図（c）はトランジスタである．トランジスタには **npn** 型と **pnp** 型があり，npn 型ではベースに正電圧をかけることにより，コレクタ，エミッタ間が ON となり，コレクタからエミッタ側に電流が流れる．

pnp 型トランジスタではベースに負電圧をかけることにより，コレクタ，エミッタ間が ON となり，エミッタからコレクタ側に電流が流れる．

ON の状態を 0，OFF の状態を 1 に当てはめれば論理素子が得られる．逆に OFF の状態を 0，ON の状態を 1 に当てはめても論理素子として使える．

図（d）は，電流を一方向にだけ流すダイオードである．9.5 節に示すように，ダイオードと抵抗を組み合わせて論理素子を構成することもできる．

図（e）は発光ダイオード（LED）である．電流を流すと光を発するので，ON，OFF を人間に示す素子として使われたり，電球を作るために使われる．

9.2 NOT 論理素子

図 9.2 に正論理 NOT 回路を示す．ゲートやベースに正電圧（H レベル）を

9.2 NOT 論理素子

(a) 正論理 NOT 論理記号　(b) SW による正論理 NOT 回路　(c) nMOS FET による正論理 NOT 回路　(d) npn トランジスタによる正論理 NOT 回路

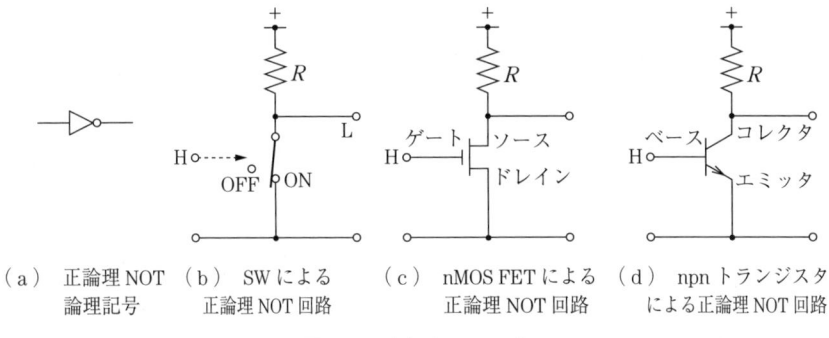

図 9.2　正論理 NOT 回路

かけることにより，FET やトランジスタが ON となり，ソース，ドレインまたはコレクタ，エミッタ間に電流（貫通電流）が流れ，出力には 0 電圧（L レベル）が得られる。集積回路では抵抗 R より FET のほうが作りやすいので，抵抗 R の代わりに FET を抵抗として用いることが多い。これを能動負荷と呼ぶ。

図 9.3 は負論理 NOT 回路である。電圧，電流の方向が逆になることを除けば，回路的には正論理 NOT 回路と同じである。NOT 回路は**インバータ回路**と呼ばれることも多い。

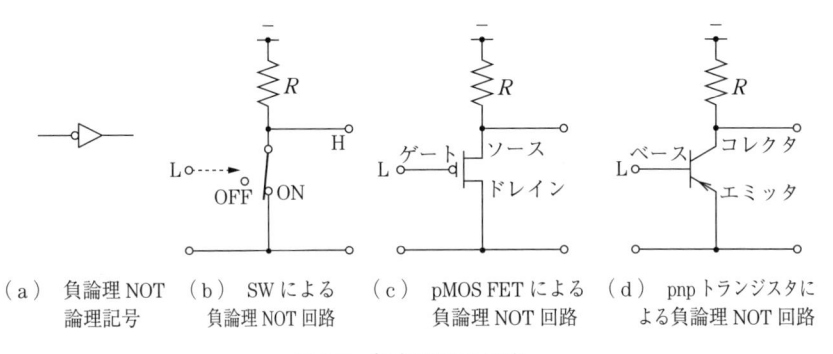

(a) 負論理 NOT 論理記号　(b) SW による負論理 NOT 回路　(c) pMOS FET による負論理 NOT 回路　(d) pnp トランジスタによる負論理 NOT 回路

図 9.3　負論理 NOT 回路

9.3 コンプリメンタリ回路

FETやトランジスタがONのとき，図9.4（a）に示すようにFETやトランジスタ内で電流が流れるので，内部抵抗で電力が消費され，熱が発生する。

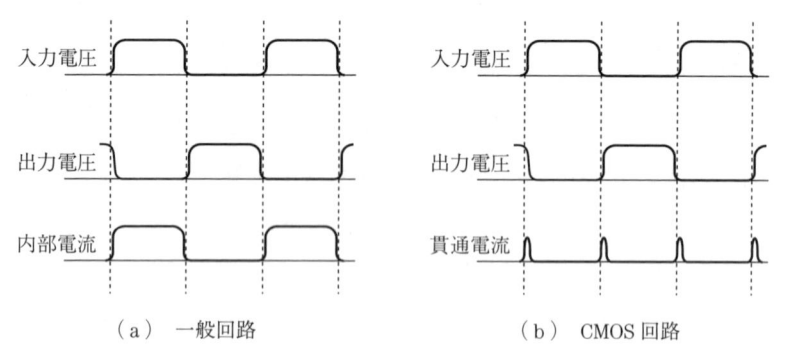

（a）一般回路　　　　　（b）CMOS回路

図9.4　論理回路の入出力電圧と電流

しかし，図9.5（a）に示すようにpMOSとnMOSを組み合わせて回路を作ると，この回路は原理的に図（b），（c）のように働くので，ONのときでもOFFのときでも電流が流れることのない論理回路が得られる。

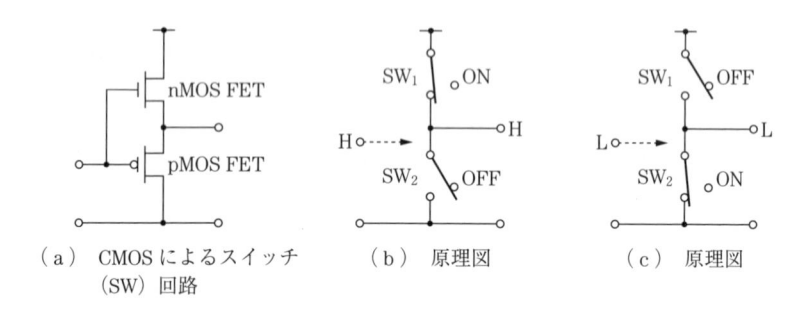

（a）CMOSによるスイッチ（SW）回路　　　（b）原理図　　　（c）原理図

図9.5　CMOS SW回路

入力がHの場合，nMOS FETがON，pMOS FETがOFFとなり，H信号が出力される（図（b））。nMOS FETとpMOS FETを通した電流は流れない。入力にL信号が与えられたときには，図（c）に示すようにnMOS FETがOFF

になり，pMOS FET が ON となり，L 信号が出力される．常にどちらかの素子が OFF となっていて貫通して電流が流れない回路は**相補性**（complementary）**回路**と呼ばれる．

相補性回路では内部に電流が流れず，電力を消費することがないので，消費電力という面で大きなメリットとなる．実際にはスイッチ素子は理想的なスイッチ素子ではなく，ON から OFF になるとき両 FET が半分 ON のような状態になり，図 9.4 (b) に示すようにスイッチ切り替え時に電流が流れ，電力を少しだけ消費する．この消費は少ないが，入力電圧の周波数が高くなると，この電力消費が無視できないレベルになる．両 FET を通して流れる電流は**貫通電流**と呼ばれる．

9.4　ハイインピーダンス状態

出力端子が 0 でも 1 でもなく，どこにも接続されていない挙動を示す状態を**ハイインピーダンス状態**または**トライステート**（第 3 の状態）と呼ぶ．ハイインピーダンス状態はそこにつながれた他の出力回路に影響を与えないので，コンピュータでは多くの情報を流すバス（共用通信線，母線）に接続するときなどに使われる．

ハイインピーダンスを持った NOT 論理回路とその論理記号を**図 9.6**(a) に示す．T に H 信号を与えないときには，図 (b) のスイッチが c 接点にある状態になり，出力線が浮いている状態になる．T に H 信号を与えたときには，I

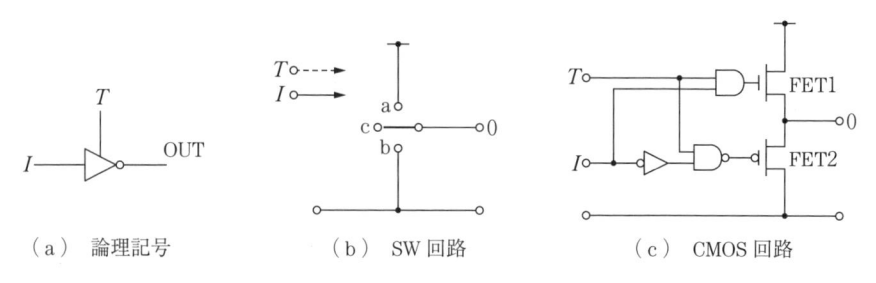

（a）論理記号　　　　（b）SW 回路　　　　（c）CMOS 回路

図 9.6　ハイインピーダンス状態を持った SW 論理回路

の値によりaまたはbにスイッチがある状態になり，一般的な論理素子となる。ハイインピーダンスは，図（c）のように両FETをOFFにする回路を加えることによって作られる。T に加える信号はトライステート（tristate）またはイネーブル（enable）信号と呼ばれることが多い。

9.5 ダイオードによる論理回路

ダイオードを使ったAND回路を図9.7に示す。図（a）では入力 A, B ともにH信号のとき，出力 O にはH信号が得られ，どちらか一方の入力がL信号のとき，L信号が出力される。

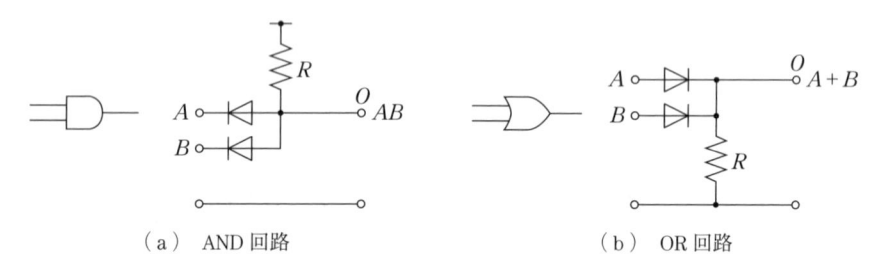

（a） AND回路　　　　　　　　　（b） OR回路

図 9.7　ダイオードによる論理回路

図（b）はダイオードを使ったOR回路である。入力 A, B のどちらか一方，または両方がH信号のとき，出力にはH信号が得られる。

ダイオード論理回路は簡単ではあるが，どちらかといえば多くの電流が流れ，電力を消費するので，比較的簡単な論理回路を構成するときに使われる。

9.6　FETコンプリメンタリ論理回路

図 9.8（a）にFETによるコンプリメンタリAND回路を示す。A のみがHのとき，FET1とFET4がONで出力はLになり，B のみがHのとき，FET3とFET2がONになり，出力はLになる。A, B 両方がHのときのみFET1とFET3がONとなり，またFET2とFET4がOFFとなるので出力はHとなる。

9.6 FET コンプリメンタリ論理回路

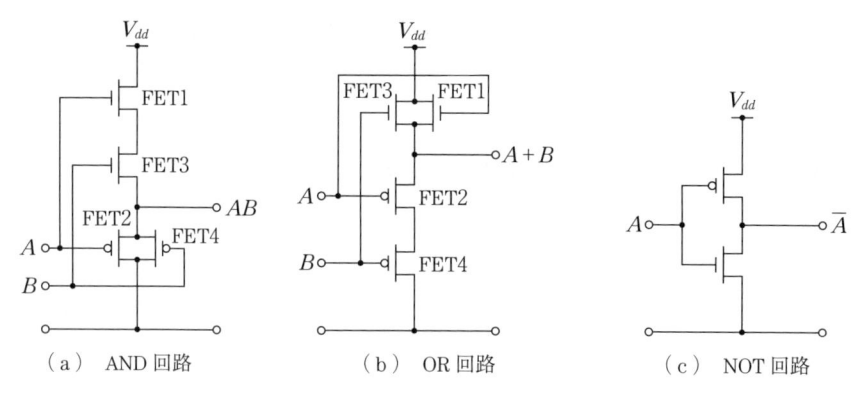

(a) AND 回路　　(b) OR 回路　　(c) NOT 回路

図 9.8　CMOS AND, OR 回路

図 (b) の OR 回路では，A，B ともに L のときのみ FET2 と FET4 が ON となり，出力端子に L が出力され，それ以外の A または B が H のとき，FET1 と FET3 のどちらかが ON となり，FET2 と FET4 のどちらかが OFF となるので，出力端子には H が出力される。A，B ともに H のときも同じく H が出力される。

図 (c) は NOT 回路である。

図 9.9 は CMOS による NAND 回路と NOR 回路である。図 (a) の NAND 回路では，A，B ともに H レベルのとき，出力端子には L が出力される。この NAND 回路は集積回路では図 (b) のようにレイアウトされて作られる。図

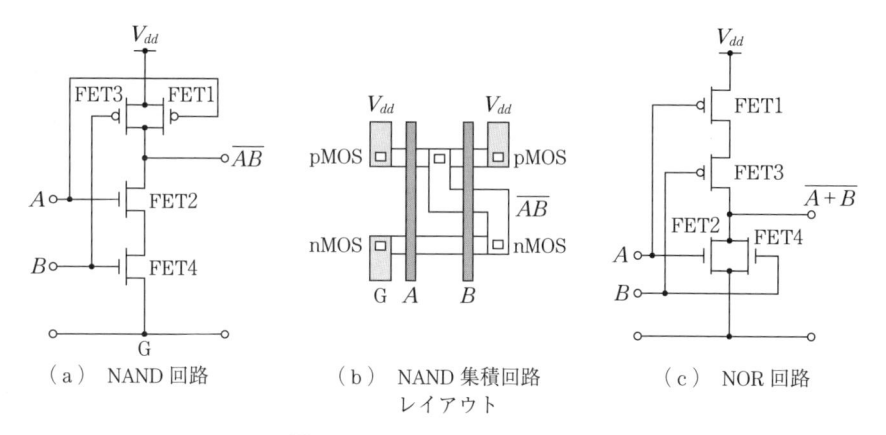

(a) NAND 回路　　(b) NAND 集積回路レイアウト　　(c) NOR 回路

図 9.9　CMOS NAND, NOR 回路

（c）の NOR 回路では，A または B が L のときには出力は H となり，A または B が H のとき出力が L となる。

9.7 トランジスタによる論理回路

図 9.10 にダイオードとトランジスタによる NAND 回路を示す。D_1 と D_2 が AND 回路を構成し，その信号をトランジスタが反転する回路となっている。このような回路は **DTL**（diode transistor logic）回路と呼ばれる。

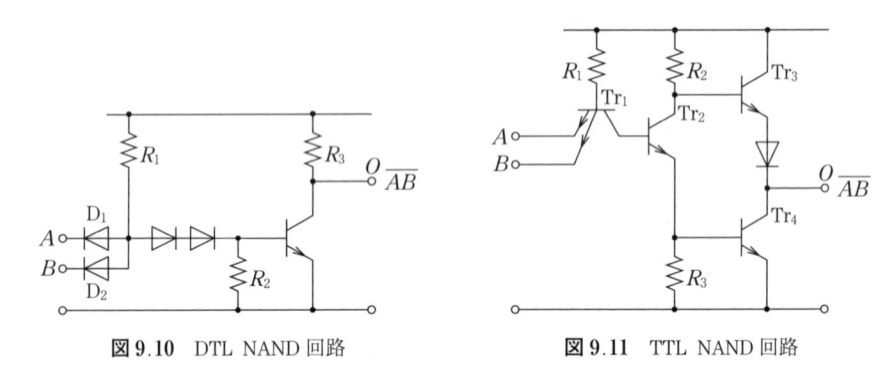

図 9.10　DTL NAND 回路

図 9.11　TTL NAND 回路

図 9.11 はトランジスタによる NAND 回路である。トランジスタ Tr_1 のエミッタが 2 個あるが，これが図 9.10 のダイオードによる AND 回路を構成している。このような回路は **TTL**（transistor transistor logic）回路と呼ばれる。

TTL では，図 9.12 のようにダイオード D による回路を付け加え，ハイインピーダンス回路を作る。T 端子に L 信号を加えたとき Tr_3，Tr_4 が OFF となり，

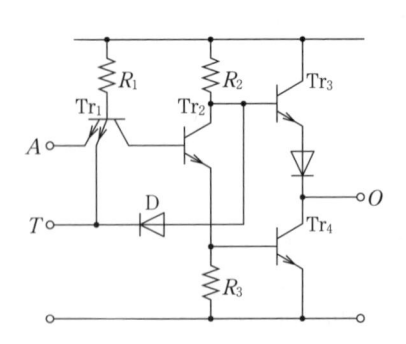

図 9.12　ハイインピーダンス回路を持った TTL 回路

出力がハイインピーダンス状態になる。

9.8 ワイヤードOR回路とバスゲート

コンプリメンタリ論理素子を**図9.13**(a)のように接続した場合，一方がLレベル，他方がHレベルを出力するとショート状態が出現し，大電流が流れ素子を破損する。このような接続はバスで行われることが多く，そのためこれは**バスの衝突**と呼ばれる。

（a）バスの衝突

（b）ワイヤードOR回路

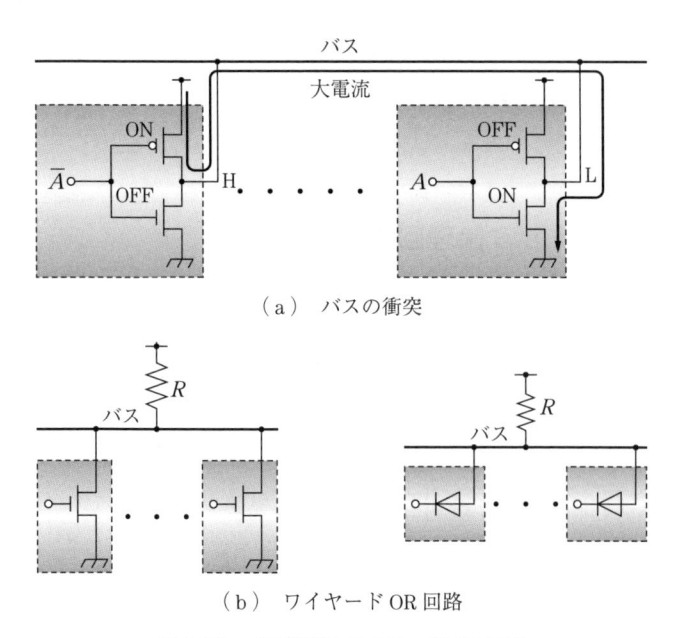

図9.13　バス衝突とワイヤードOR回路

これを避けるためには，図(b)に示すような**ワイヤードOR回路**が用いられる。この場合には互いの論理素子の状態がどうであろうとショート状態は起こらない。ワイヤードOR回路は，図に示すようにドレインが開いた状態で作られるので，FETで作られた場合には**オープンドレイン接続**，トランジスタで作られた場合は**オープンコレクタ接続**と呼ばれることも多い。

図9.14に示すのはバスゲートと呼ばれる回路である。一般の回路は電流の流れる方向が一方向であるが，バスゲートは図（a）に示す原理図のように両方向に電流を流す回路である。

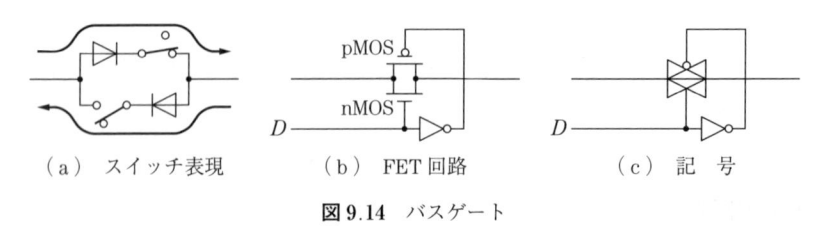

（a） スイッチ表現　　（b） FET回路　　（c） 記　号

図9.14　バスゲート

実際の回路は図（b）のように，nMOS FETとpMOS FETを組み合わせて作り，D信号で電流を流す方向を制御する。

図（c）はその記号である。バスとの接続などに使われる。

9.9　ダイナミック論理回路

信号の維持（記憶）がコンデンサに蓄えられた電荷で行われ，FETをその電荷を制御するのに使う論理回路を**ダイナミック論理回路**と呼ぶ。図9.15に

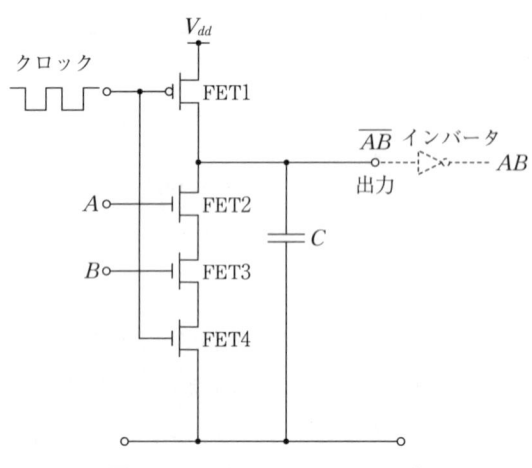

図9.15　ダイナミックNAND回路

ダイナミック論理回路によるNAND回路を示す。

この回路では，クロックのLレベルでFET1をONにして，コンデンサCを電源電圧V_{dd}に充電する．次に，クロックがHになったとき，FET4がON（FET1がOFF）になり，このとき入力信号A, BによりAND条件が成立（FET2がON，FET3がON）していると充電してあった電荷が放電され，出力端子にL信号が出力される．AND条件が不成立（FET2，FET3どちらかがOFFまたは両方がOFF）だと放電が起こらないので，H信号が出力される．

コンデンサCとしては特別に作られることは少なく，この回路を実現した場合に線間などに存在する容量，すなわち浮遊容量が使われることが多い．

ダイナミック論理回路では，出力としてコンデンサの充放電特性を使うので誤動作を生じやすい．そのため，出力端子に同図点線に示すようなインバータをつけて，波形を成形し誤動作を防止する．

このような回路を接続してできる論理回路は，その動作がドミノに似ているので**ドミノ論理回路**と呼ばれる．

9.10 雑音余裕度とファンアウト，伝搬遅延

論理回路では理論的には雑音のない理想的な信号波形を前提にしているが，実際の波形は**図9.16**に示すように雑音の入った形をしている．もしこのような信号が論理回路の入力としてきた場合，その論理回路が図のV_{Ht}レベルより上の電圧をHレベルと判断し，また，V_{Lt}レベルより低い電圧をLレベルと判断できるものであれば，この論理回路は雑音の影響を受けない．

このように論理回路どうしを接続したとき，要求される入力電圧に対して

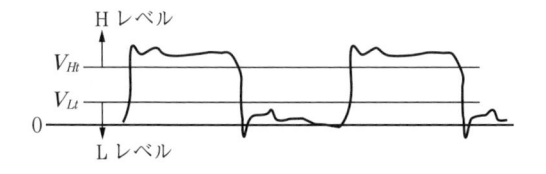

図9.16 実際の信号波形

9. 基本論理素子の電子回路

どれだけ余裕のある電圧を出力できるかを雑音余裕度という．すなわち，例えば**図9.17**（a）に示すように，2.4V以上の電圧をHレベルとして出力する回路Aに，2V以上をHレベルの入力と判断する回路Bを接続する場合，2.4－2.0＝0.4で，出力が0.4V以内で低いほうに変化しても，この影響はBの論理回路に影響を与えない．この0.4Vを**Hレベルの雑音余裕度**という．

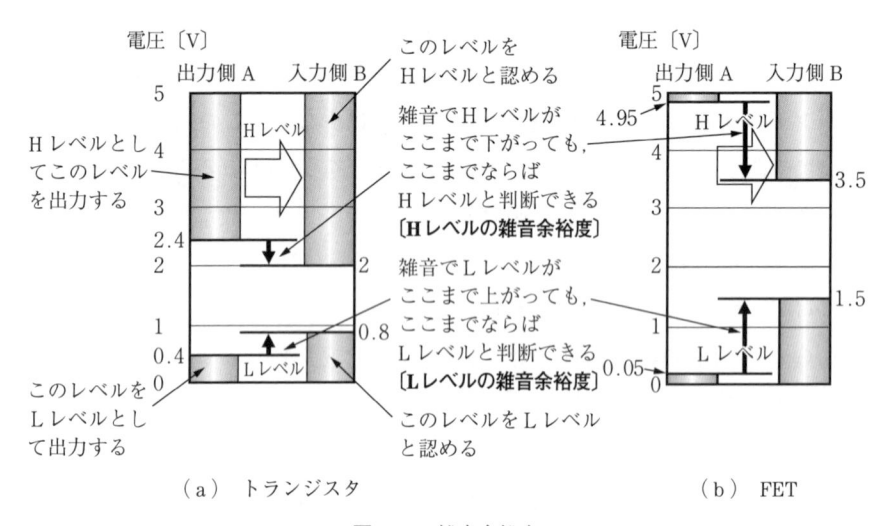

（a）トランジスタ　　　　　　　　（b）FET

図9.17　雑音余裕度

同じく0.4V以下をLレベルとして出力する回路Aに，0.8V以下をLレベルとしての入力と認める回路Bを接続するとき，出力が0.5Vになっても0.8Vになっても，回路BはLレベルの信号が入力されたと判断する．この場合，0.8－0.4＝0.4を**Lレベルの雑音余裕度**という．

図（b）に示すFET回路では，4.95－3.5＝1.45VがHレベルの雑音余裕度，1.5－0.05＝1.45VがLレベルの雑音余裕度である．

トランジスタもFETもスイッチの役割を果たすが，理想的なスイッチではない．必ず内部に抵抗（交流成分も含めた場合には**インピーダンス**という）を持っていて，それにより出力端子に他の論理素子を接続すると，電流が流れ電圧降下が起こる．したがって，一つの出力端子に接続できる論理素子にはその

9.10 雑音余裕度とファンアウト，伝搬遅延

数に限りがある。

この数のことを**ファンアウト数**と呼ぶ。これとは逆に，入力端子に接続できる論理回路数にも限りがある。これを**ファンイン数**と呼ぶ。ファンというのは一点に多くの接続線を接続すると，その形が扇子（ファン）のようになることから付けられた名前である。

図 9.18（a）に，一つの論理素子の出力端子に複数の論理素子を接続したときの等価回路を示す。入力等価回路を抵抗とコンデンサで表している。FETの場合にはコンデンサの影響が大きくなり，トランジスタの場合は抵抗の影響が大きい。

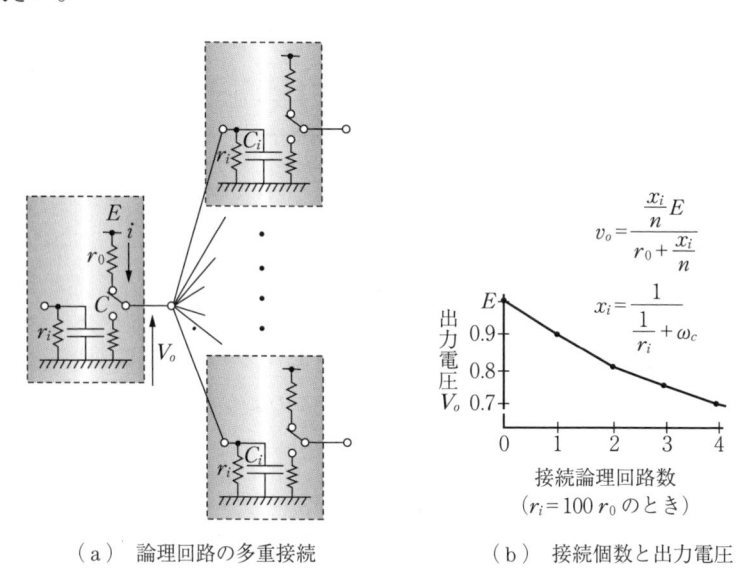

（a）論理回路の多重接続　　　　（b）接続個数と出力電圧

$$v_o = \frac{\frac{x_i}{n}E}{r_0 + \frac{x_i}{n}}$$

$$x_i = \frac{1}{\frac{1}{r_i} + \omega_c}$$

図 9.18　ファンアウト

図（b）は入力抵抗だけの影響を考えて，この回路の接続数より求めた出力電圧の変化である。接続数が増えるに従って，出力電圧が下がっていくのがわかる。コンデンサが入力インピーダンスの主成分になる FET では，コンデンサの充電に時間がかかるのでファンアウト数の増加は信号を遅延させる。

論理回路を理論的に扱うときは，理想的な阻止として入力信号に対する出力

信号の遅れを考えない。しかし，実際には物理素子であるトランジスタやFETには遅延があり，論理素子としても遅延を考えなければならない。これを**伝播遅延**という。

図 9.19 は入力電圧に対する出力電圧を示す図である。実際のパルスは一般になだらかに立ち上がり，なだらかに立ち下がる。入力電圧が H レベルの 50 % になったときからその出力が 50 % になるときの時間 (t_{rd}) を**立上り遅延時間**と呼ぶ。パルスの**立下り遅延時間** (t_{fd}) も同様に定義される。

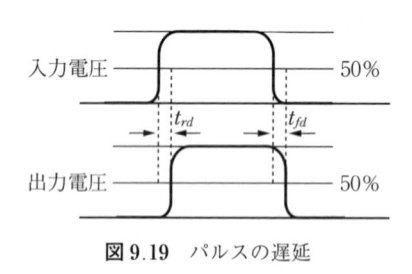

図 9.19 パルスの遅延

9.11 メモリ（RAM）

メモリは**図 9.20**（a）に示すように**メモリセル**をアレイ状に並べて作られる。メモリセルは 1 ビットの情報を記憶し，このようなビットセル複数個で 1 ワードの情報とする。メモリをアクセスするためのアドレスは，**ローアドレス**（row address，行番地）と**カラムアドレス**（column address，列番地）に分けられ，これがデコーダでデコードされて，必要な**行セレクト線**と**ビット線**に信号が出され，一つのメモリセルを選ぶ。そして，このセルにデータを記憶したりセルからデータを読み出したりする。このようにメモリのどこにある情報でも自由に読み出せるメモリのことを **RAM**（random access memory）と呼ぶ。

図（b）はスタティック RAM（static RAM：静的 RAM）と呼ばれるメモリのセル構造である。スタティック RAM のメモリセルはフリップフロップからできており，行セレクト線とデータ線によってセルを選び，書き込み時にはデータ線の d, $\bar{d}$ に，0，1 または 1，0 の信号を加え，フリップフロップをセット

9.11 メモリ（RAM） 123

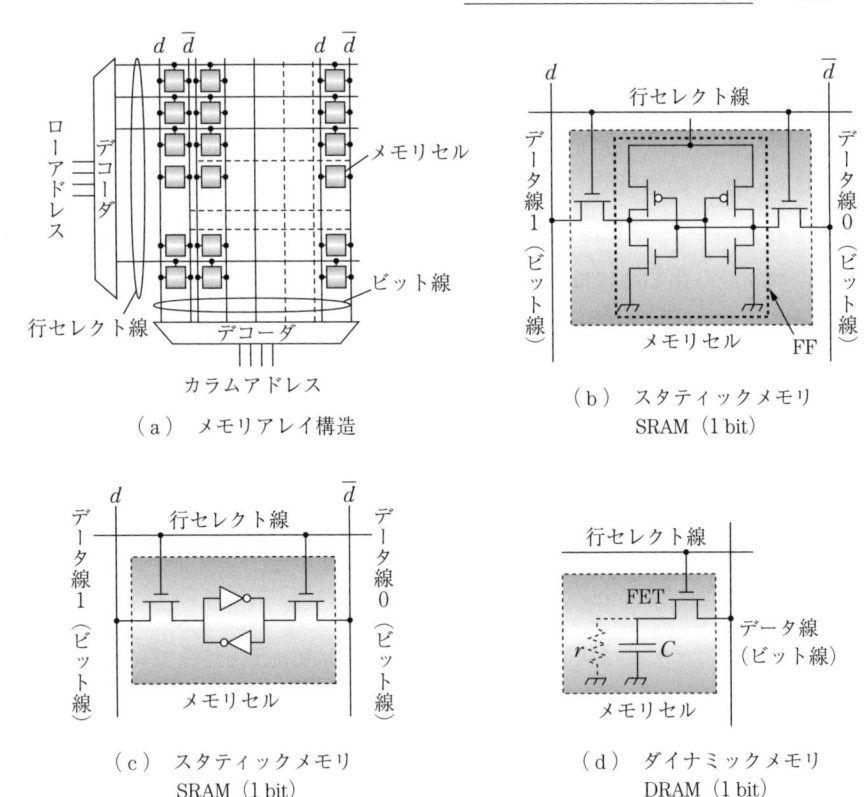

図 9.20 ランダムアクセスメモリ（RAM）

(a) メモリアレイ構造
(b) スタティックメモリ SRAM（1 bit）
(c) スタティックメモリ SRAM（1 bit）
(d) ダイナミックメモリ DRAM（1 bit）

することによってデータを書き込み記憶する．読み出しの場合は，セルを選ぶ
とその記憶内容が d, $\bar{d}$ に 0，1 または 1，0 の信号として出力される．

　フリップフロップではデータを記憶するためには，常に電源を入れておく必要があり，データ保持のために電力を消費する．スタティック RAM のメモリセルには，図（c）のように増幅回路の互いの出力端子を互いの入力端子に接続して，帰還作用によってデータを保持する方式もある．

　図（d）は**ダイナミックメモリ**（dynamic RAM：動的 RAM）と呼ばれるメモリのセル構造である．データはコンデンサ C に電荷として格納され記憶される．データの書き込みは FET を ON にし，データ線上の信号を C に書き込む

ことによってなされ，読み出しは C のデータをデータ線上に出力することによって行われる。

　この原理からわかるように，データの記憶を保持するために電源が必要ないのがこのメモリの特徴である。この方式のメモリではコンデンサが小さいので，格納されたデータは読み出すことによって電荷が放電され消えてしまう。このため，読み出し時には読み出したデータを再び書き戻す必要がある。また，コンデンサには図に示すような浮遊抵抗 r があり，時間が経つに従って電荷が放電しデータは失われる。したがって，データを長期間記憶するには，データが失われる前にデータを読み出し，そしてそれを再度書き込む必要がある。この操作を**リフレッシュ動作**という。

　ダイナミックメモリは構造が簡単で，データを記憶するために電力を消費しないので，大容量メモリとして使われることが多いが，リフレッシュ手続きが必要である。

　最近のコンピュータは複数の CPU や画像用プロセッサを持っていることも多く，同時に 2 箇所からデータの読み書きが要求されることも多い。これを可能にしたメモリを**デュアルポート RAM**（2 入出力端つき RAM）と呼ぶ。

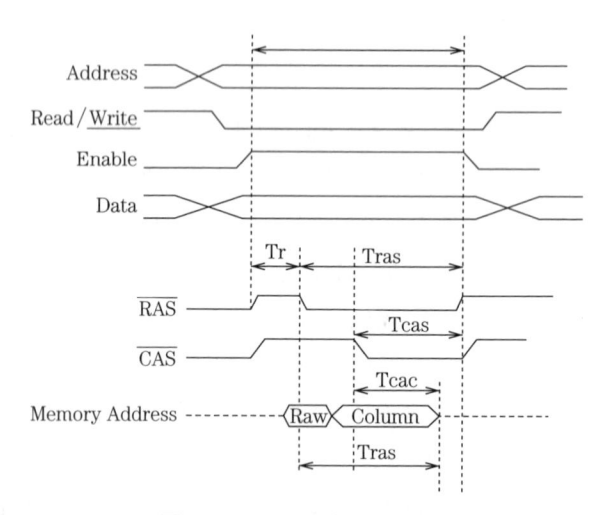

図 9.21　メモリの書き込み波形

図 9.21 にメモリの書き込みタイミングと波形を示す．メモリにアドレス（Memory/Address）とデータ（Data），読むか書くかの信号（Read/Write）を与えておき，ここに Enable と呼ばれるタイミング信号を与える．与えられたアドレスは，ローアドレス（Row）とカラムアドレス（Column）に分割され，制御信号 $\overline{\text{RAS}}$ と $\overline{\text{CAS}}$ 信号の立ち下がり時にメモリに書き込まれる．

9.12 フラッシュメモリと ROM

フラッシュメモリは，電源を切ってもデータを記憶し続けるメモリである．フラッシュメモリセルは，ゲートに**フローティングゲート**と呼ばれるゲートを持った構造をしている（**図 9.22**）．フローティングゲートは周囲とは直流的に絶縁されており，ここに電子を注入することによって情報を記憶する．

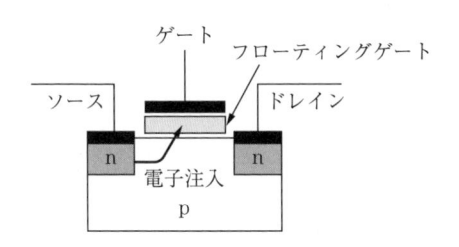

図 9.22 フラッシュメモリ素子

電子の注入はゲートに高い電圧を加えることによって行う．注入された電子は普通の状態では逃げないので，電源を切ってもデータの記憶は保持される．ソース，ドレイン間の ON，OFF は，この記憶されたフローティングゲートの電子により制御される．記憶の消去は，ゲートに高い電圧を加え，電子を取り除くことによって行う．

読み出しは，電子を注入したときの電圧より低い電圧をゲートにかけることによってなされる．このとき，フローティングゲートに電子が注入されているか，いないかによって，ソース，ドレイン間に流れる電流値が異なる．この違いによってデータのありなしを判断する．読み出し電圧は電子を注入した電圧

よりかなり低いので，読み出しによってデータが失われることはない。

フラッシュメモリには，図 9.23（a），（b）に示すように NOR 型と NAND 型と呼ばれる構成方法がある。NOR 型では図（a）のようにセルを接続し，データを読み出すときには，図のワード線に信号を加えることによって行う。もし，そのセルのフローティングゲートに電子が注入されておれば，そのセルは OFF となり，注入されていなければ ON となる。この結果はビット線に反映され，この変化によりデータが記憶されているかどうかを判断することができる。

（a） NOR 型フラッシュメモリ　　　（b） NAND 型フラッシュメモリ

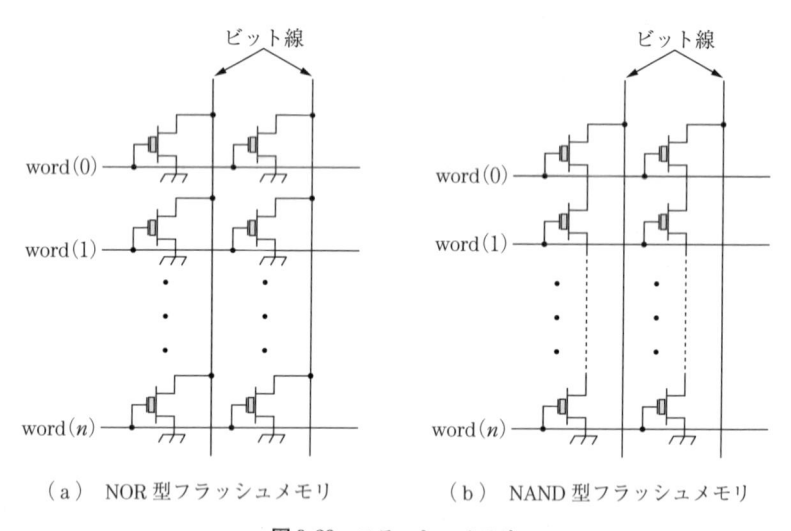

図 9.23　フラッシュメモリ

NAND 型では図（b）のようにメモリを構成する。このメモリでデータを読み出す場合には，読み出そうとしているセル以外のすべてのセルのゲートに，注入電子を破壊しない程度の高電圧をかける。そうするとこれらの素子はすべて ON になり，読み出そうとするフラッシュメモリ素子のソースは接地され，ドレインはビット線に接続される。そうしておいてワード線を通して読み出すべきセルのゲートに読み出し電圧をかけると，そのセルのフローティングゲートに電子が注入されている場合にはそのセルが OFF となり，注入されていな

い場合にはONとなる。この状態はビット線に反映されるので、記憶されていた情報が読み出せる。

図のNOR型とNAND型の回路構成からわかるように、NAND型のほうが回路構成は簡単で、それだけチップ面積が小さくなる。そのため、NOR型よりNAND型のほうが小型にでき、大容量メモリに向いている。その一方で、NAND型はセルが直列に接続され、読み出し時にこれらが全部使われるので、数十倍読み出し速度が遅くなるという問題点を持っている。したがって、大容量を必要とする場合にはNAND型を、高速を要求される場合にはNOR型を使用することが多い。

コンピュータ内で読み出し専用として使うメモリを **ROM** (read only memory) と呼ぶ。これまでに開発されてきたROMには、工場出荷時にデータを書き込んである**マスクROM**や、特殊な装置を使って1回だけデータが書き込める **PROM** (programmable ROM)、データの書き込みができ紫外線などを使ってデータを消去することのできる **EPROM** (erasable programmable ROM) がある。

9.13 プログラマブルデバイス

プログラムを格納することにより論理回路を構成する装置を**プログラマブルデバイス**と呼ぶ。プログラマブルデバイスには **PLA** (programmable logic array) や **FPGA** (field programmable gated array) がある。2章で述べたように、すべての組合せ論理回路は主加法標準形で実現できる。

PLAは、図9.24のようにAND部とOR部からなっており、これらの交点を接続するかしないかによって論理回路を構成する。接続した信号は多入力AND素子やOR素子でANDとORがとられる。交点は製造時にヒューズを使ってすべてが接続されており、これを大電流で焼き切ることによって論理回路を構成する。

交点に、電源を切ってもデータが失われないフラッシュメモリ素子のような

128   9. 基本論理素子の電子回路

(a) 構造

多入力 AND 素子
多入力 OR 素子

(a) スイッチ部構造

交点
ヒューズ

交点
フラッシュメモリ素子

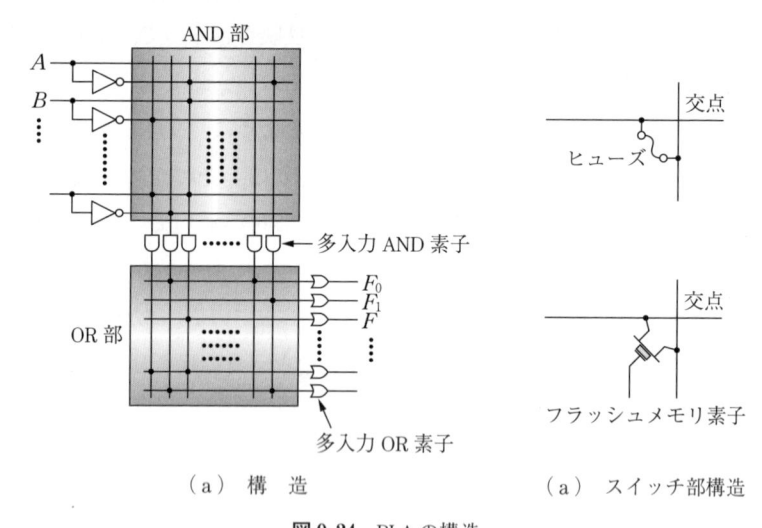

図 9.24　PLA の構造

不揮発性メモリ素子を接続しておき，ここにデータを書き込むことによって交点を接続し，論理回路を構成するものもある。この場合には書き換え可能なプログラマブルデバイスとなる。

FPGA は，組合せ論理回路だけではなく，順序回路も含んだプログラム可能な論理回路部と，論理回路部間を結ぶプログラム可能なネットワーク部からなっている。この論理回路部とネットワーク部を外部から入れた情報により接続する（プログラムする）ことにより，大規模な論理回路を構成する。構成の原理は PLA と同様であり，記録にフラッシュメモリ素子を使ったものはプログラムを書き換えることにより，新しい論理回路を構成できる。最近ではプロセッサのような大規模高機能論理回路を構成できる FPGA も出現している。

演 習 問 題

【1】 図 9.25 のように，電源電圧を E，出力抵抗を r_0，入力抵抗を r_i，入力端の電圧を V_i とするとき，論理素子の入力端子に接続する出力素子の数と入力電圧の変化を表す式を求めよ。

演 習 問 題 *129*

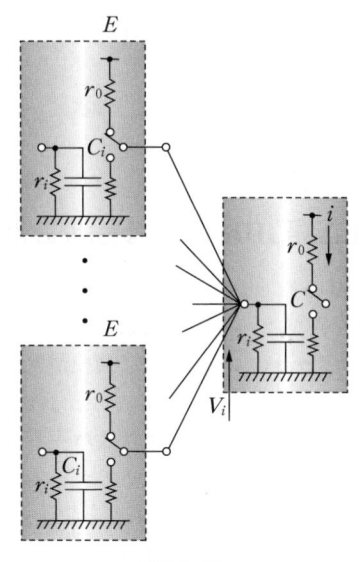

図 9.25

【2】 $F = \overline{A}\,\overline{B}\,\overline{C} + \overline{A}BC + A\overline{B}C + ABC$ を PLA を用いて設計せよ。

付　　　録

ハードウェア記述言語 HDL による論理設計

　論理回路は基本的には AND や OR などのシンボルを組み合わせて作るので，その設計は図形的にならざるを得ない．図形的な設計図はその論理が簡単な場合は見やすく理解しやすいが，プロセッサのように複雑で規模が大きくなると設計も難しく，その検証，理解も難しくなる．

　このような問題点を避けるために，最近では**ハードウェア記述言語**（**HDL**：hardware description language）と呼ばれるプログラミング言語を用いて，C 言語や JAVA 言語でプログラムを書くようにして論理回路を設計することが行われている．

　HDL には米国国防総省で提唱された **VHDL**（VHSIC（very high speed intergrated circuit）hardware description language）や Cadence 社が開発した **Verilog HDL**，Open System C Initiative によって開発された C++ 言語をベースにした **System C** などがある．

　ここでは，Verilog HDL を例にとってハードウェア記述言語による論理設計について概観する．

A.1　Verilog HDL による論理設計概要

　Verilog HDL では図 **A.1** のように論理設計を行う．すなわち，仕様に基づいてそれを実現する構造を決定する（機能設計）．

　その後，その機能を実現する動作（論理回路）を Verilog HDL で記述（動作設計，プログラミング）する．

　次に，記述した Verilog HDL コードが正しく動作するかどうかを**シミュレータ**（模擬器）と呼ばれるプログラム上で実行してチェックする．チェックにあたっては，**テストベンチ**と呼ばれる「設計した論理回路に信号を入力し，論理回路から出力される信号を受け取る論理回路（入力信号発生器と出力信号測定器）」を Verilog HDL で記述し設計する．

　そして，設計した論理回路とテストベンチをシミュレータにかけて動作をシミュレートする．シミュレータはテストベンチで入力された信号に対する動作波形を出力するので，これにより動作を確かめ，もし間違いがあれば修正する．このレベル

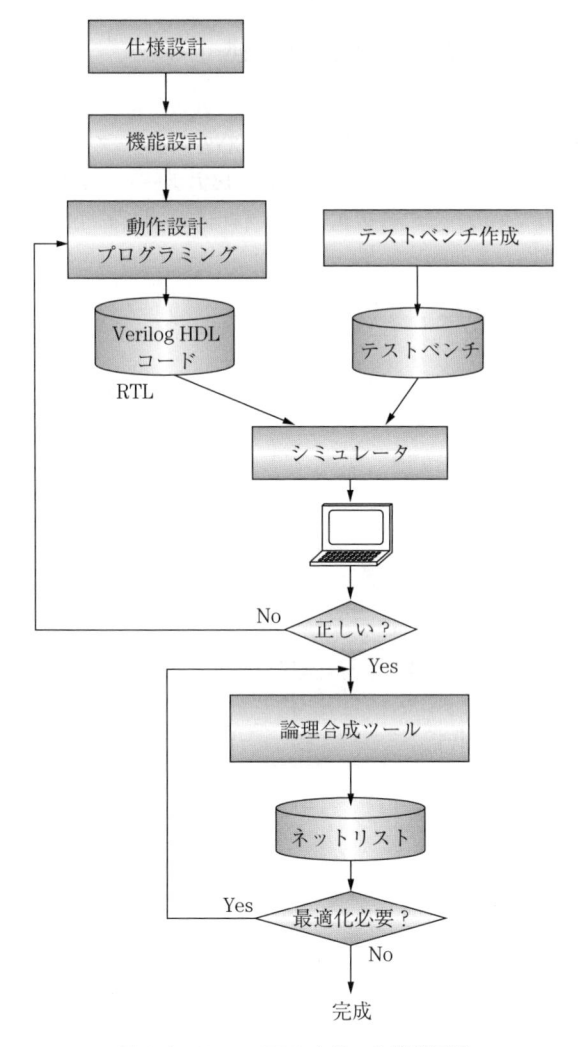

図 A.1 Verilog HDL を用いた論理回路

の設計は**レジスタ転送レベル**（**RTL**：register transfer level）記述と呼ばれる。

次に，完成した Verilog HDL コードを**論理合成ツール**に入力し，論理回路を作る。論理合成ツールが出力した合成結果は，素子間の接続情報の固まりであるので**ネットリスト**と呼ばれる。ネットリストは図形的な論理回路と等価であり，これから図形化した論理回路を得ることはそれほど難しくない。論理合成段階では，消費電力やタイミング，テスト容易化なども考慮して論理合成を繰り返し最適化を図る。

A.2 Verilog HDL による論理記述

Verilog HDL で設計する基本論理回路は**モジュール**と呼ばれる。**図 A.2**（a）に示すように，個々のモジュールは名前（この図では XYZ）を持っており，また，**入力ポート**（入力端子のこと。この図では A，B，C）と**出力ポート**（出力端子のこと。この図では F）を持っている。このモジュールのプログラムは図（b）のような構造になる。

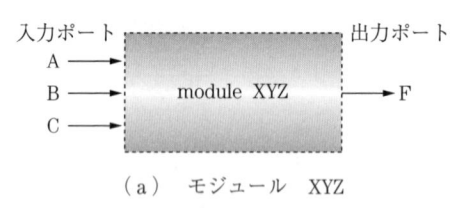

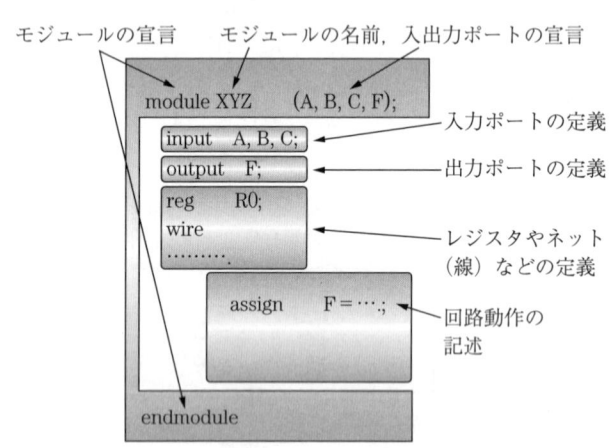

（a） モジュール XYZ

（b） プログラムの構造

図 A.2 Verilog HDL モジュールの構造

すなわち，module と endmodule で囲まれた部分がモジュールで，module 部で "module XYZ" のように名前をつけ，"(A, B, C, F)" のように入出力ポートの宣言（引数の宣言）を行う。次に，input，output 部分でこのモジュールの入力ポートや出力ポートの宣言を行い，reg 部でレジスタなどを定義する。次に，assign 部で論理回路の動作を書き，モジュールの動作を決定する。module や input などのように，Verilog HDL ですでに決められている用語を**予約語**と呼ぶ。

例えば，**図 A.3**（a）に示す AND 素子のモジュールのプログラムは図（b）のよう

付　　　　　録　　　　　133

```
                    module  AND
              ┌─────────────────────┐
              │  A ─┐               │
              │     ├──▷──── F      │
              │  B ─┘               │
              └─────────────────────┘
```

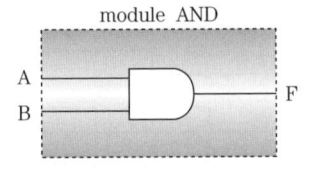

（a）　Verilog HDL コードで表そうとする論理回路

```
module AND   (A, B, F);      //モジュールの始まり宣言と名前定義
 input    A, B;               // 入力信号線の定義
 output   F;                  // 出力信号線の定義
      assign   F = A & B;     //論理関数の定義
endmodule                     //モジュール定義の終わり宣言
```

（b）　Verilog HDL コード

図 A.3　AND モジュールプログラム

になる．モジュール名は任意であるが，わかりやすくするためこのモジュールには機能を表す"AND"という名前をつけてある．Assign F = A&B; は，信号的には，A信号とB信号のANDをF信号とするという意味であるが，回路的にはAとBのAND回路の出力をFポートに接続（割り当て）することを表す．&はAND計算を表す記号である．//はコメント文を表す記号で，必要な場合には人間にわかりやすくするための注釈を書き込む．

Verilog HDLではこの他，次のような論理演算子を用いる．論理演算の優先度は上方のほうが高い．

　　　NOT　～
　　　AND　&
　　　XOR　^
　　　OR　　|

A.3　Verilog HDL によるシミュレーション

図A.3で設計したANDモジュールを例にとり，シミュレーションの方法を説明する．設計したANDモジュールは，ポートAとBに，**図A.4**に示すような00, 01, 10, 11のパルスを入力すると，ポートFに示すようなパルスを発生するはずである．

このような入力信号を与え，出力信号を観察するテストベンチを設計する．ANDモジュールの振る舞いを観測するためのテストベンチは**図A.5**のようにする．すなわち，図A.3で設計したANDモジュールにANDTBという名前をつけてコピーし，

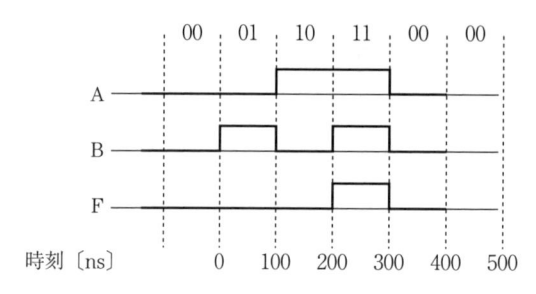

134　付　　　　録

図 A.4　AND 回路の入出力動作波形

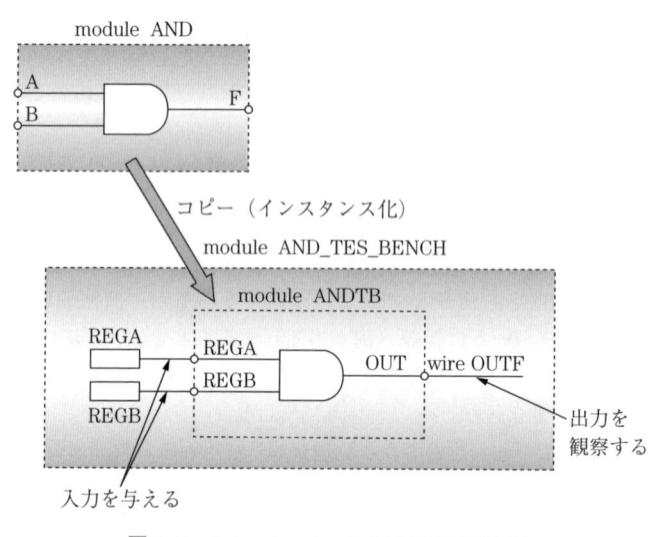

図 A.5　シミュレーションのための論理回路

　入力信号を与えるためにレジスタ REGA，REGB を接続し，出力波形を観測するために，テストベンチの線（ワイヤ）OUTF を接続する．そして，レジスタに 0 や 1 を出し入れすることによって，0 や 1 の信号を出力し，パルス波形を発生する．
　この図のように「AND モジュールを ANDTB のような名前をつけてコピーする（呼び出す）」ことを**インスタンス化**と呼び，ANDTB を**インスタンス名**と呼ぶ．ここでは，説明の都合上インスタンス名を ANDTB としたが，インスタンス名は自由につけられるので AND そのものを使う場合も多い．
　これを Verilog HDL で書くと**図 A.6** のようになる．1 行目の /* で囲まれた文はコメントである．
　2 行目の "time scale 1ns/1ns" は，ここで扱う時間の単位を 1 ナノ秒とすること

```
                          ┌─ モジュールの意味を表すコメント
/* AND TEST_BENCH */
'time scale 1ns/1ns              //時間単位の宣言。ナノ秒
module AND_TEST_BENCH;           //モジュールの始まり宣言と名前定義
    reg REGA, REGB;              //レジスタの定義
    wire OUT;                    //出力線の定義
    AND ANDTB (REGA, REGB, OUTF);//ANDモジュールを呼び出しANDTBとして使う
    initial begin
        REGA = 0; REGB = 0;      //レジスタの初期値は0
        #100   REGB = 1;         //100ナノ秒後にREGBを1とする
        #100   REGA = 1; REGB = 0;//100ナノ秒後にREGAを1, REGBを0とする
        #100   REGB = 1;         //100ナノ秒後にREGBを1とする
        #100   REGA = 0; REGB = 0;//100ナノ秒後にREGB, REGBを0とする
        #100   $finish;          //100ナノ秒後に終わり
    end
endmodule
```

図 A.6　AND モジュールテストベンチプログラム

を宣言している。

6 行目の"AND ANDTB (REGA, REGB, OUTF)"は，図 A.3 で設計した AND モジュール"module AND (A, B, F)"を呼び出しており，それをテストベンチでは新たに"ANDTB (REGA, REGB, OUTF)"というインスタンスとして用いることを表している。

次行の"initial"は，次に続く文を 1 回だけ実行することを表している。AND モジュールと ANDTB モジュールとの入出力ポートの対応はポート名宣言の順番によってとられる。

この例では

ANDTB モジュール	AND モジュール
REGA	A
REGB	B
OUT	F

となる。

"begin……end"で囲まれた部分が動作記述である。#100 は 100 ns 後に後に続く式を実行することを表し，最初のレジスタの値は 00，その後 100 ns 後に 01，次の 100 ns 後に 10 と残りの 100 ns ごとに 11，00 となる。

A.4 簡単な組合せ論理回路の Verilog HDL 表現

図 2.10 の主加法標準形 $F=\overline{A}\overline{B}\overline{C}+\overline{A}BC+A\overline{B}C+ABC$ の Verilog HDL プログラム（SPF と名づける）は図 **A**.7 のようになる。基本的には図 A.3 の assign 部の論理式がかわっていることと入力数が増えているだけである。

```
/* SUM OF PRODUCT    FORM*/
module SPF      (A, B, C, F);            //モジュールの名前定義
  input    A, B, C;                      // 入力信号線の定義
  output   F;                            // 出力の信号線定義
    assign      F = (~A&B&~C)|(~A&B&C)
                  |(A&~B&C)|(A&B&C);     //論理関数の定義
endmodule                                //モジュール定義の終わり宣言
```

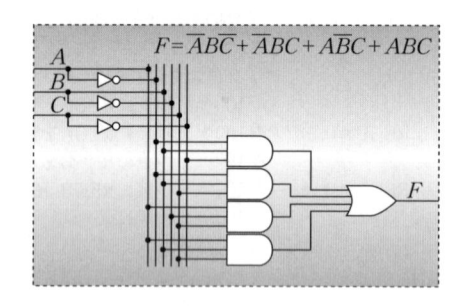

図 **A**.7　図 2.9 の主加法標準形の Verilog HDL コード

図 **A**.8 に示すのは全加算器（フルアダー）の Verilog HDL コードである。assign 文で加算結果と桁上げ計算の回路割り当てを行っている。回路図と比べながら見るとその意味は簡単にわかるであろう。

図 **A**.9 は全加算器回路 FA のインスタンスを使った 4 ビット加算器 ADDR4 である。"input [3:0] A, B" でポート A と B が A[0], A[1], A[2], A[3] と B[0], B[1], B[2], B[3] の 4 ビットからなることを表している。計算結果の S ポートの "output [3:0] S" も同様に, S[0], S[1], S[2], S[3] と 4 ビットからなっていることを表す。CO は内部の線で "wire [2:0]" で CO[0], CO[1], CO[2], 3 本からなることを表す。各ビットの計算は図 A.8 で作成した FA のインスタンスを用いて行っている。

図 **A**.10 は図 A.8 で設計した 4 ビット加算器 ADDR4 のインスタンスを使った 4 ビット加減算器である。ADDR4 の B 入力を AS との排他的論理和をとることにより 1 と 0 を反転し, 最下位桁へのキャリーに 1 を入力することにより 2 の補数を作り, 減算器を実現している。

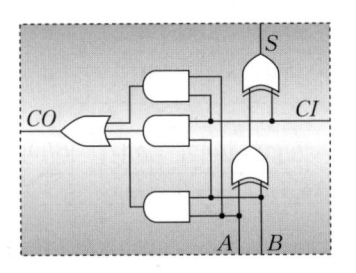

```
/* FULL ADDER */
module FA      (A, B, CI, S, CO);
  input    A, B, CI;                               //入力ポートの定義
  output   S, CO;                                  //出力ポート定義
    assign       S = A^B^CI;                       //加算結果の論理式
    assign       CO = (A&B)|(B &CI)|(A& CI);       //桁上げの論理式
endmodule
```

図 A.8　全加算器回路 Verilog HDL コードと回路図

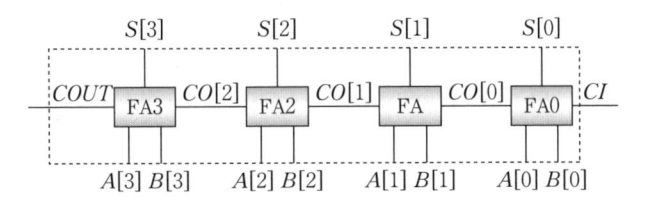

```
/* FULL ADDER4bit */
module  ADDR4   (A, B, CI, S, COUT);
  input    [3:0]  A, B;                            //入力ポート
  input           CI;
  output   [3:0]  S;                               //出力ポート
  output          COUT;                            //4桁目からの桁上がり
  wire     [2:0]  CO;                              //各桁からの桁上がり
      FA   FA0    (A[0], B[0],    CI, S[0], CO[0]);    //0桁目加算
      FA   FA1    (A[1], B[1], CO[0], S[1], CO[1]);    //1桁目加算
      FA   FA2    (A[2], B[2], CO[1], S[2], CO[2]);    //2桁目加算
      FA   FA3    (A[3], B[3], CO[2], S[3], COUT);     //3桁目加算
endmodule
```

図 A.9　4 bit 全加算器回路 ADDR4 の Verilog HDL コードと回路図

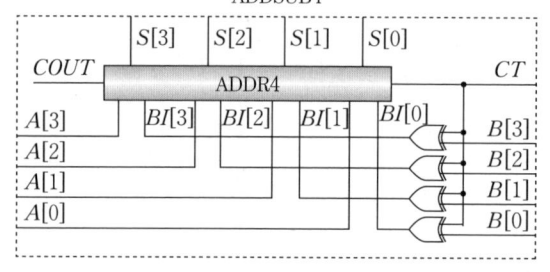

```
                    ADDSUB4
              S[3] S[2] S[1] S[0]
      COUT  ┌─────────────────────┐  CT
       ─────┤       ADDR4         ├─────
            │                     │
      A[3]  │ BI[3] BI[2] BI[1] BI[0] │  B[3]
      A[2]  │                     │  B[2]
      A[1]  │                     │  B[1]
      A[0]  │                     │  B[0]
            └─────────────────────┘
```

```
/* 4bit ADD_SUB */
module ADDSUB4    (A, B, CT, S, COUT);
   input    [3:0]   A, B;                    //入力ポート
   input            CT;                      //加減算制御入力ポート
   output   [3:0]   S;                       //演算結果出力ポート
   output           COUT;                    //4桁目からの桁上がり
   wire     [3:0]   BI;
       ADDR4       ADDR4 (A, BI, CT, S, COUT);
       assign      BI = B^{CT, CT, CT, CT};
endmodule
```

図 A.10 4 bit 加減算器 Verilog HDL コードと回路図

A.5 簡単な順序回路の Verilog HDL による表現

クロックに同期して値が変化する RS フリップフリップの場合には，**図 A.11** のようになる。ここで，"always @(posedge CLK)" 文は，クロックパルス CLK の立上り時にはいつも次に続く文を実行することを表している。"case ({R, S})" の "{ }" は**連接演算子**と呼ばれ，カッコ内の信号をひとかたまりの信号（多ビット信号）として取り扱うことを表す。すなわち，R と S の値が 00，01，10，11 の場合に，それぞれ 0:，1:，2:，3: に続く文を実行する。RS＝00 では値が変化しないので，0: 文はない。また，RS フリップフロップでは，RS＝11 のときは出力が何になるかが不明であるので，それを "3:Q＜＝1'bx;" で，1 ビットの不定値を表す。

リセット端子を持った同期型 D-FF の場合は**図 A.12** のようになる。"always @ (posedge CLK or negedge R)" で，CLK の立上りか R パルスの立下り時にはいつでも "Q＜＝(!R)? 0:D;" 文を実行する。すなわち，$\overline{R}$（R の立下り）のときに Q に 0 を入れ，CLK の立上り時には，D の値を Q に入れる。

5 章で設計した非同期型 16 進カウンタの回路図は，D フリップフロップ 4 個を接続した**図 A.13**（a）のようであった。CP のパルス数を計測し，その結果を $Q_0 \sim Q_3$ に

```
/* RSFFS */
module   RSFFS  (R, S, CLK, Q, QD);
  input    R, S, CLK;
  output   Q, QD;
  reg      Q;
         assign   QD = ~Q;
         always   @(posedge CLK)      //クロックの立上り時に次のことを何回も行う
                  case({R, S})
                           1: Q <= 1;            //RS=01 のとき Q に 1 を入れる
                           2: Q <= 0;            //RS=10 のとき Q に 0 を入れる
                           3: Q <= 1' bx;        //RS=11 のとき 1 ビットの不定値
                  endcase
endmodule
```

図 A.11 同期型 RS フリップフロップ

```
/* DFFRS */
module   DFFRS  (R, D, CLK, Q, QD);
  input    R, D, CLK;
  output   Q, QD;
  reg      Q;
         assign   QD = ~Q;
         always   @(posedge CLK or negedge R)
                  Q <= (!R)? 0: D;
endmodule
```

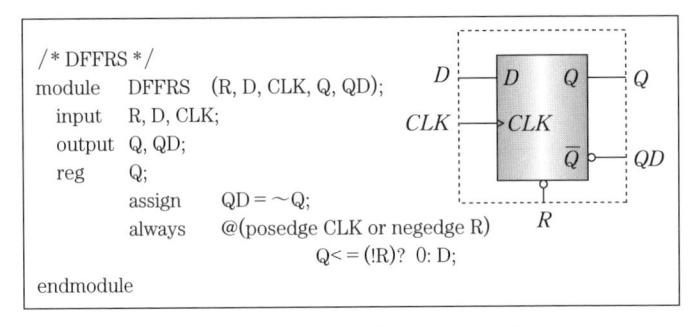

図 A.12 リセット端子つき同期型 D フリップフロップ

出力する。R はリセット信号である。これを Verilog HDL で書くと図（b）のようになる。

6 行目の "DFFRS," で図 A.12 のリセット端子を持った同期型 D-FF モジュール DFFRS を呼び出し，この "DFFRS0 (R, QD[0], CP, Q[0], QD[0])" 部分で DFF0 の CLK 端子に CP ポートを接続し，DFF0 の $\overline{Q}$ と D を接続している。

7 行目の "DFFRS1 (R, QD[1], QD[0], Q[1], QD[1])" では，DFF1 の CLK に DFF0 の $\overline{Q}$ と DFF1 の CLK を接続すると同時に DFF1 の $\overline{Q}$ と D を接続している。

8 行目，9 行目は DFF2 と DFF3 に関するもので DFF1 と同様である。

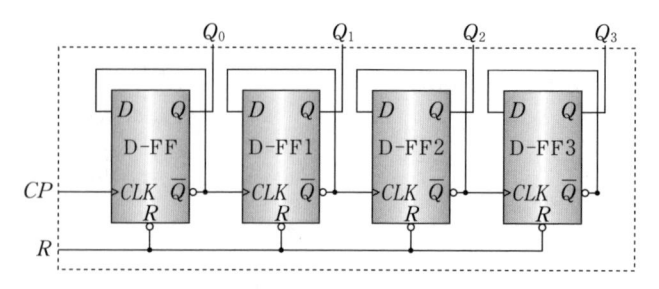

（a） 非同期型Dフリップフロップ16進カウンタ

```
/*DFF16CS*/
module    DFF16CS    (R, D, CP, Q, QD);
  input    R, CP;
  output   [3:0]Q;
  wire     [3:0]QD;
           DFFRS         DFFRS0 (R, QD[0], CP,    Q[0], QD[0]),
                         DFFRS1 (R, QD[1], QD[0], Q[1], QD[1]),
                         DFFRS2 (R, QD[2], QD[1], Q[2], QD[2]),
                         DFFRS3 (R, QD[3], QD[2], Q[3], QD[3]);
endmodule
```

（b） Verilog HDL プログラム

図 A.13 非同期型Dフリップフロップ16進カウンタ

引用・参考文献

1) 清水賢資, 曽和将容：ディジタル回路の考え方, オーム社（1979）
2) 並木秀明：改訂新版 ディジタル回路と Verilog HDL, 技術評論社（2008）
3) 曽和将容：コンピュータアーキテクチャ, コロナ社（2006）
4) 曽和将容：コンピュータアーキテクチャ原理, コロナ社（1993）
5) 田所嘉昭：ディジタル回路, オーム社（2008）
6) 田丸啓吉：論理回路の基礎, 工学図書（1989）
7) K. Hwang, 堀越彌 訳：コンピュータの高速演算方式, 近代科学社（1980）

演習問題解答

1 章

【1】 解表1.1のとおり。

解表1.1

10進数	正の2進数	1の補数	2の補数
0	0000	0	0
1	0001	1	1
2	0010	2	2
3	0011	3	3
4	0100	4	4
5	0101	5	5
6	0110	6	6
7	0111	7	7
8	1000	−7	−8
9	1001	−6	−7
10	1010	−5	−6
11	1011	−4	−5
12	1100	−3	−4
13	1101	−2	−3
14	1110	−1	−2
15	1111	−0	−1

【2】 110 1011 110 0001 110 1001 111 0010 110 1111

【3】 解図1.1のとおり。
 （1），（2）は最上行桁への桁上がりと最上位桁からの桁上がり両方があるので，結果は正しい。（3）は最上位桁への桁上がりがあるが，最上位桁からの

```
 （1）              （2）              （3）
 +3    011        −2    110        +2    010
 −1  +)111        −1  +)111        +3  +)011
 +2   1010        −3   1101        −2    101
```

解図1.1

桁上がりがないので正しくない。

【4】（1） $124-67 = 0111\,1100 + 1011\,1101 = 0011\,1001$ （正しい）
（2） $124+72 = 0111\,1100 + 0100\,1000 = 1100\,0100$ （正しくない。196は表現不能）
（3） $-15-21 = 1111\,0001 + 1110\,1011 = 1100\,0100$ （正しい）
（4） $127-124 = 0111\,1111 + 1000\,0100 = 0000\,0011$ （正しい）

【5】最上位桁への桁上げを c_m，最上位桁からの桁上げ c_o とすると，**解図1.2**（a）に示すように，正数＋負数の計算では加算結果が表現範囲を超えることはない。このとき c_m があれば必ず c_o もあるし，c_m がなければ c_o もない。

正数＋負数	正数＋正数	負数＋負数
0xx	0xx	1xx
+）1xx	+）0xx	+）1xx
cxxx		11xx
（a）	（b）	（c）

解図1.2

図（b）の正数＋正数では c_m があると負数になるのであってはならない。c_o はない。

図（c）の負数＋負数では c_o は必ずあるし，結果が負数になるためには c_m がなければならない。したがって，オーバフローがなく計算結果が正しいためには「最上位桁への桁上げと最上位桁からの桁上げ両方があるか両方がない」でなければならない。

2 章

【1】主加法標準形
$$F = \overline{A}\overline{B}\overline{C} + A\overline{B}\overline{C} + A\overline{B}C + ABC$$

主乗法標準形
$$F = (A+B+\overline{C})(A+\overline{B}+C)(A+\overline{B}+\overline{C})(\overline{A}+\overline{B}+C)$$

【2】**解表2.1**のとおり。

【3】論理回路は**解図2.1**のとおり。
この論理式の各項にはすべての変数を含まないものがあるので，これらをすべての変数を含む主項に変

解表2.1

ABC	最小項	f
000	$\overline{A}\overline{B}\overline{C}$	0
001	$\overline{A}\overline{B}C$	1
010	$\overline{A}B\overline{C}$	1
011	$\overline{A}BC$	0
100	$A\overline{B}\overline{C}$	1
101	$A\overline{B}C$	1
110	$AB\overline{C}$	0
111	ABC	0

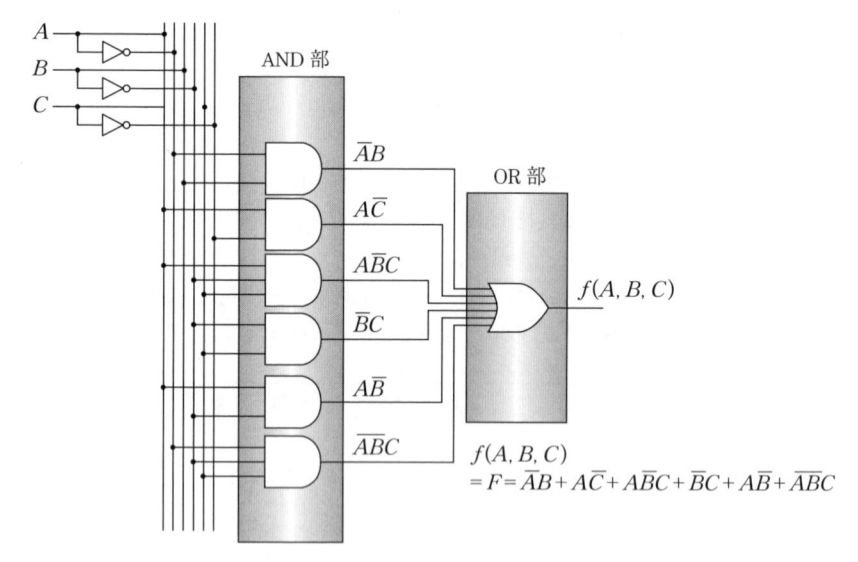

解図 2.1

換する。

$$f(A, B, C) = \overline{A}B + A\overline{C} + A\overline{B}C + \overline{B}C + A\overline{B} + \overline{A}\overline{B}C$$
$$= \overline{A}B(C+\overline{C}) + A\overline{C}(B+\overline{B}) + A\overline{B}C + \overline{B}C(A+\overline{A})$$
$$\quad + A\overline{B}(C+\overline{C}) + \overline{A}\overline{B}C$$
$$= \overline{A}BC + \overline{A}B\overline{C} + AB\overline{C} + A\overline{B}\overline{C} + A\overline{B}C + \overline{A}\overline{B}C + \overline{A}\overline{B}C$$
$$\quad + A\overline{B}C + A\overline{B}\overline{C} + \overline{A}\overline{B}C$$
$$= \overline{A}BC + \overline{A}B\overline{C} + AB\overline{C} + A\overline{B}\overline{C} + A\overline{B}C + \overline{A}\overline{B}C$$

解表 2.2

ABC	最小項	最大項	$f(A,B,C)$
000	$\overline{A}\overline{B}\overline{C}$	$\overline{A}+\overline{B}+\overline{C}$	0
001	$\overline{A}\overline{B}C$	$\overline{A}+\overline{B}+C$	1
010	$\overline{A}B\overline{C}$	$\overline{A}+B+\overline{C}$	1
011	$\overline{A}BC$	$\overline{A}+B+C$	1
100	$A\overline{B}\overline{C}$	$A+\overline{B}+\overline{C}$	1
101	$A\overline{B}C$	$A+\overline{B}+C$	1
110	$AB\overline{C}$	$A+B+\overline{C}$	1
111	ABC	$A+B+C$	0

これより真理値表は**解表 2.2**のようになる。

この表より，主加法標準形の論理回路は**解図 2.2**のようになる。

主加法標準形
$$f(A, B, C) = \overline{A}BC + \overline{A}B\overline{C}$$
$$+ AB\overline{C} + A\overline{B}C$$
$$+ A\overline{B}C + \overline{A}\overline{B}C$$

真理値表より主乗法標準形は
$$f(A, B, C) = (A+B+C)$$
$$(\overline{A}+\overline{B}+\overline{C})$$

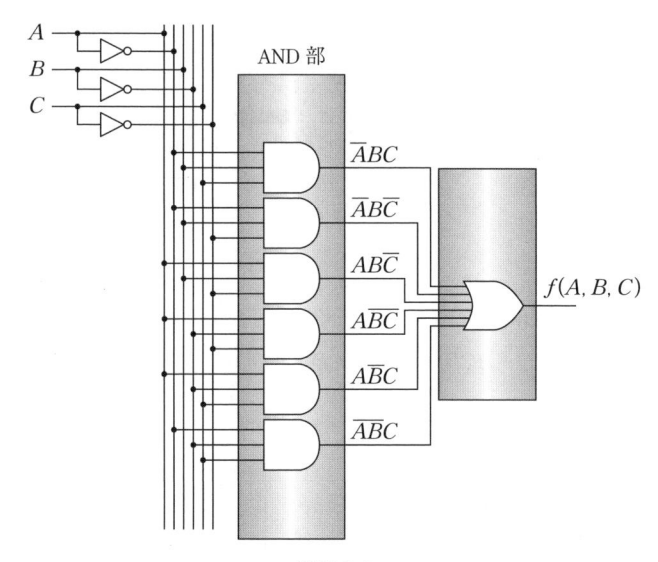

解図 2.2

となるので，主乗法標準形の論理回路は**解図 2.3**のようになる。

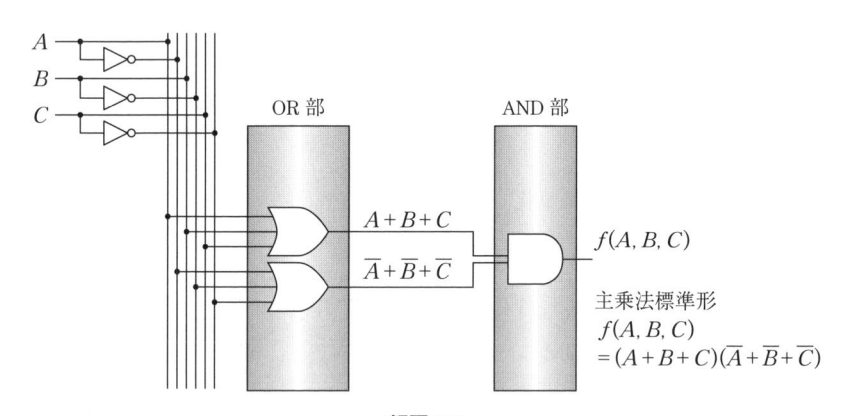

解図 2.3

主乗法標準形
$f(A, B, C)$
$= (A+B+C)(\overline{A}+\overline{B}+\overline{C})$

【4】 $A+B+\overline{A}B+A\overline{B} = (A+\overline{A}B)+(B+A\overline{B})$

ここに分配則を適用すると

$= (A+\overline{A})(A+B)+(B+A)(B+\overline{B}) = A+B+B+A = A+A+B+B$
$= A+B$

となる。ベン図は**解図 2.4**のようになり，式の正しいことが納得できる。

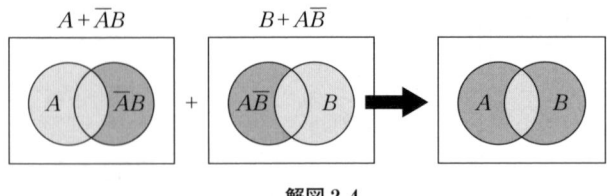

解図 2.4

3 章

【1】 解図 3.1 のとおり。
$$F = A\overline{B}D + A\overline{BC} + BCD + \overline{A}BC + \overline{A}D + A\overline{CD}$$

解図 3.1

解図 3.2

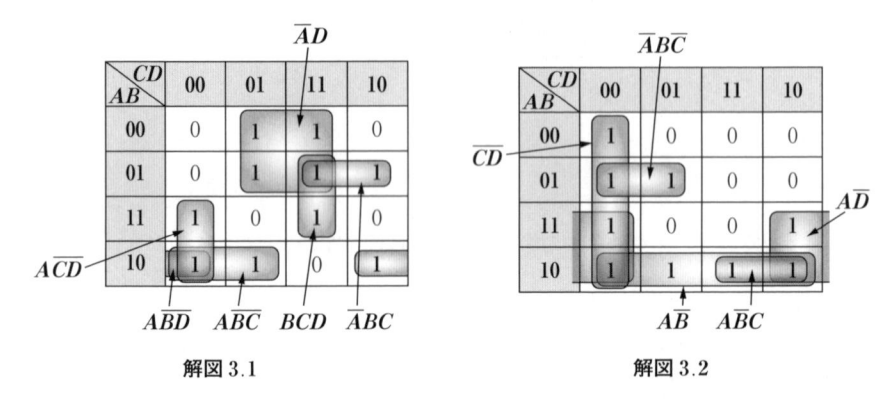

【2】 解図 3.2 のとおり。
$A\overline{B}C$ は $A\overline{B}$ として簡単化できるので、論理式は
$$F = \overline{A}B\overline{C} + A\overline{B} + \overline{CD} + A\overline{D}$$
となる。

【3】 $F = A\overline{BC} + A\overline{B}C + BC + \overline{A}BC + \overline{ABC} + A\overline{C}$ のカルノー図は解図 3.3 のようになる。図よりこの論理関数は
$$F = \overline{BC} + BC + A$$
と簡単化される。

【4】（1）式による簡単化は

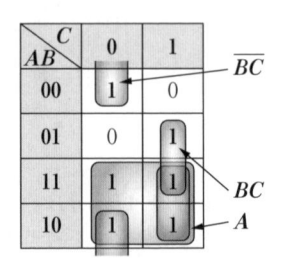

$$F = A\overline{BC} + A\overline{B}C + BC + \overline{A}BC \\ + \overline{ABC} + A\overline{C} = \overline{BC} + BC + A$$

解図 3.3

$F = \overline{ABCD} + \overline{AB}CD + \overline{A}BC\overline{D} + \overline{A}BCD + A\overline{BC}D + AB\overline{C}D + ABCD$
$\quad + A\overline{B}CD + A\overline{BC}D + A\overline{B}C\overline{D}$
$= (\overline{ABCD} + \overline{AB}CD) + (\overline{ABCD} + \overline{A}BC\overline{D}) + \overline{A}BCD + (A\overline{BC}D$
$\quad + AB\overline{C}D) + (AB\overline{C}D + ABCD) + (A\overline{B}CD + A\overline{BC}D) + (A\overline{BC}D$
$\quad + A\overline{B}CD) + (A\overline{B}C\overline{D} + A\overline{BCD})$
$= \overline{AB}C(\overline{D}+D) + \overline{A}C\overline{D}(\overline{B}+B) + \overline{A}BCD + AB\overline{C}(\overline{D}+D) + ABD(\overline{C}$
$\quad + C) + A\overline{B}C(\overline{D}+D) + A\overline{C}D(B+\overline{B}) + A\overline{B}\overline{D}(C+\overline{C})$
$= \overline{AB}C + \overline{A}C\overline{D} + \overline{A}BCD + AB\overline{C} + ABD + A\overline{B}C + A\overline{C}D + A\overline{B}\overline{D}$
$= (\overline{AB}C + A\overline{B}C) + \overline{A}BCD + (AB\overline{C} + A\overline{B}\overline{C}) + (\overline{A}C\overline{D} + A\overline{C}D)$
$\quad + ABD + A\overline{B}\overline{D}$
$= \overline{B}C(\overline{A}+A) + \overline{A}BCD + A\overline{C}(B+\overline{B}) + \overline{C}D(\overline{A}+A) + ABD + A\overline{B}\overline{D}$
$= \overline{B}C + \overline{A}BCD + A\overline{C} + \overline{C}D + ABD + A\overline{B}\overline{D}$
$= \overline{B}C + A\overline{C} + \overline{C}D + ABD + A\overline{B}\overline{D} + \overline{A}BCD$

となる。

（2）カルノー図による簡単化は**解図3.4**のようになり，カルノー図による簡単化の原理がよくわかる。

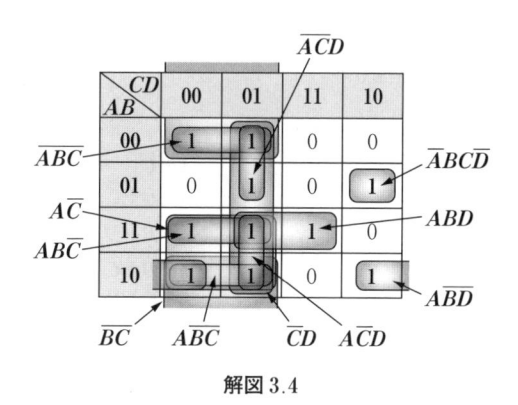

解図3.4

【5】カルノー図より主乗法標準形は
$F = (A+B+\overline{C}+\overline{D})(A+B+\overline{C}+D)(A+\overline{B}+C+D)(A+\overline{B}+\overline{C}+\overline{D})$
$\quad (\overline{A}+\overline{B}+\overline{C}+D)(\overline{A}+B+\overline{C}+\overline{D})$

となる。これを**解図3.5**のカルノー図のように簡単化すると
$F = (A+B+\overline{C})(A+\overline{C}+\overline{D})(B+\overline{C}+\overline{D})(\overline{A}+\overline{B}+\overline{C}+D)(A+\overline{B}+C+D)$
と求められる。

148　　演 習 問 題 解 答

CD AB	00	01	11	10
00	1	1	0	0
01	0	1	0	1
11	1	1	1	0
10	1	1	0	1

$A+\overline{B}+C+D$ (指向 01 行の 0)
$A+B+\overline{C}$
$A+\overline{C}+\overline{D}$
$\overline{A}+\overline{B}+\overline{C}+D$
$B+\overline{C}+\overline{D}$

解図 3.5

【6】 $F=(A+B+\overline{C}+\overline{D})(A+B+\overline{C}+D)(A+\overline{B}+C+D)(A+\overline{B}+\overline{C}+D)(A+\overline{B}+\overline{C}+D)(\overline{A}+\overline{B}+\overline{C}+D)(\overline{A}+B+\overline{C}+\overline{D})$

$= ((A+B+\overline{C}+\overline{D})(A+B+\overline{C}+D))((A+B+\overline{C}+\overline{D})(\overline{A}+B+\overline{C}+\overline{D}))((A+\overline{B}+C+D)(A+\overline{B}+\overline{C}+D))((A+\overline{B}+\overline{C}+D)(A+\overline{B}+\overline{C}+D))((A+\overline{B}+\overline{C}+D)(\overline{A}+\overline{B}+\overline{C}+D))$

$= (A+B+\overline{C})(B+\overline{C}+\overline{D})(A+\overline{B}+D)(A+\overline{B}+\overline{C})(\overline{B}+\overline{C}+D)$

$= ((A+B+\overline{C})(A+\overline{B}+\overline{C}))(B+\overline{C}+\overline{D})(A+\overline{B}+D)(\overline{B}+\overline{C}+D)$

$= (A+\overline{C})(B+\overline{C}+\overline{D})(A+\overline{B}+D)(\overline{B}+\overline{C}+D)$

となる。

式のカルノー図は **解図 3.6** のようになる。

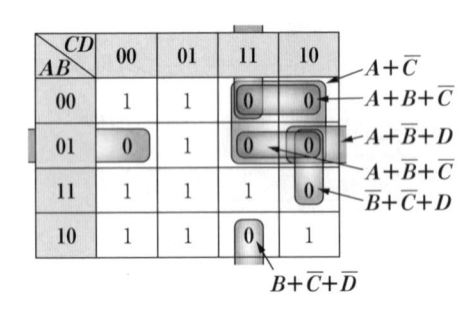

CD AB	00	01	11	10
00	1	1	0	0
01	0	1	0	1
11	1	1	1	0
10	1	1	0	1

$A+\overline{C}$
$A+B+\overline{C}$
$A+\overline{B}+D$
$A+\overline{B}+\overline{C}$
$\overline{B}+\overline{C}+D$
$B+\overline{C}+\overline{D}$

解図 3.6

この図から

$F=(A+B+\overline{C}+\overline{D})(A+B+\overline{C}+D)(A+\overline{B}+C+D)(A+\overline{B}+\overline{C}+\overline{D})(A+\overline{B}+\overline{C}+D)(\overline{A}+\overline{B}+\overline{C}+D)(\overline{A}+B+\overline{C}+\overline{D})$

$=(A+\overline{C})(B+\overline{C}+\overline{D})(A+\overline{B}+D)(\overline{B}+\overline{C}+D)$

と簡単化結果が得られ，式による簡単化の結果と一致する。

【7】 **解図 3.7**，**解表 3.1** から

$F = \overline{BC} + A\overline{D} + BC$

演習問題解答 149

肯定変数数	最小項
0	$\overline{ABCD}$ ✓
1	$\overline{ABC}D$ ✓
	$A\overline{BCD}$ ✓
2	$\overline{AB}CD$ ✓
	$\overline{A}B\overline{C}D$ ✓
	$\overline{A}BC\overline{D}$ ✓
	$A\overline{B}C\overline{D}$ ✓
	$A\overline{B}\overline{C}D$ ✓
	$AB\overline{CD}$ ✓
3	$\overline{A}BCD$ ✓
	$A\overline{B}CD$ ✓
	$ABC\overline{D}$ ✓
4	$ABCD$ ✓

（a）肯定変数の数によって並べる

肯定変数数	最小項
	$\overline{BC}$
1	$\overline{A}D$
	$\overline{B}D$
	$A\overline{D}$
2	CD
	BC
	AC

（b）1回目の簡単化

$\overline{ABC}$
$\overline{BCD}$
$\overline{ABD}$
$\overline{ACD}$
$\overline{BCD}$
$\overline{ABC}$
$\overline{AB}D$
$\overline{A}CD$
$\overline{A}C\overline{D}$
$BC\overline{D}$
$\overline{A}BD$
$\overline{A}BC$
$BC\overline{D}$
$A\overline{B}D$
$A\overline{B}C$
$AC\overline{D}$
$AB\overline{D}$
BCD
ACD
ABC

（c）肯定変数の数によって並べる

主題：$\overline{BC}, \overline{A}D, \overline{B}D, A\overline{D}, CD, BC, AC$

肯定変数数	最小項
0	$\overline{ABC}$ ✓
	$\overline{BCD}$ ✓
1	$\overline{ABD}$ ✓
	$\overline{ACD}$ ✓
	$\overline{BC}D$ ✓
	$\overline{ABC}$ ✓
	$\overline{AB}D$ ✓
	$\overline{A}CD$ ✓
2	$\overline{A}CD$ ✓
	$\overline{BCD}$ ✓
	$\overline{A}BD$ ✓
	$\overline{A}BC$ ✓
	$BC\overline{D}$ ✓
	$A\overline{B}D$ ✓
	$A\overline{B}C$ ✓
	$AB\overline{D}$ ✓
3	BCD ✓
	ACD ✓
	ABC ✓

$\overline{BC}$
$\overline{BC}$
$\overline{A}D$
$\overline{B}D$
$\overline{A}D$
$\overline{B}D$
$A\overline{B}$
$A\overline{B}$
$A\overline{D}$
$A\overline{D}$
CD
CD
BC
BC
AC
AC

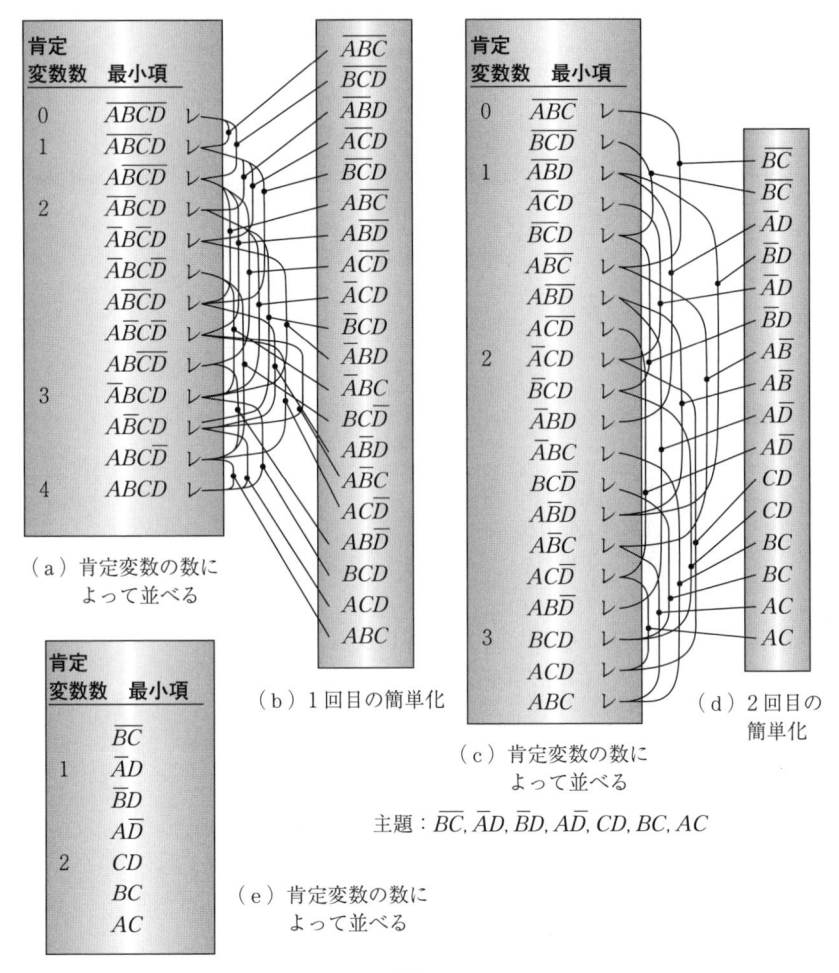

（d）2回目の簡単化

（e）肯定変数の数によって並べる

解図 3.7

解表 3.1 主項表による簡単化

最小項 主項	$\overline{ABCD}$	$\overline{A}BC\overline{D}$	$A\overline{BCD}$	$A\overline{BC}D$	$A\overline{B}C\overline{D}$	$AB\overline{CD}$	$ABCD$
$\overline{BC}$	✓（必）		✓	✓			
$\overline{A}D$							
$\overline{B}D$				✓			
$A\overline{D}$			✓		✓	✓（必）	
CD							✓
BC		✓（必）					✓
AC					✓		✓

4 章

【1】 解図 4.1 のとおり。

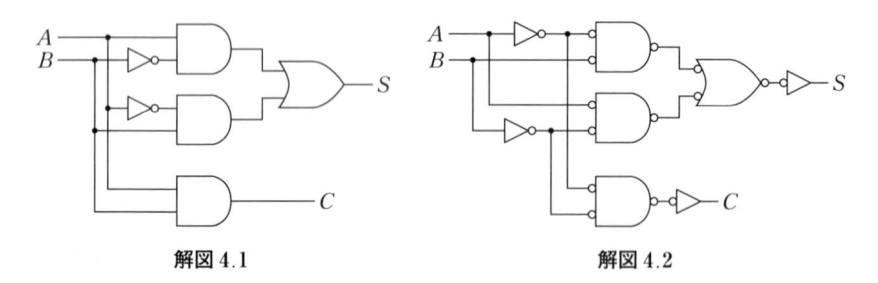

解図 4.1

【2】 解図 4.2 のとおり。

解図 4.2

【3】 4.8 節の

$$C_0 = 0$$
$$C_1 = A_0B_0 + (A_0 \oplus B_0)C_0 = A_0B_0$$
$$C_2 = A_1B_1 + (A_1 \oplus B_1)C_1 = A_1B_1 + (A_1 \oplus B_1)A_0B_0$$
$$C_3 = A_2B_2 + (A_2 \oplus B_2)C_2$$
$$= A_2B_2 + (A_2 \oplus B_2)\{A_1B_1 + (A_1 \oplus B_1)A_0B_0\}$$
$$= A_2B_2 + (A_2 \oplus B_2)A_1B_1 + (A_2 \oplus B_2)(A_1 \oplus B_1)A_0B_0$$

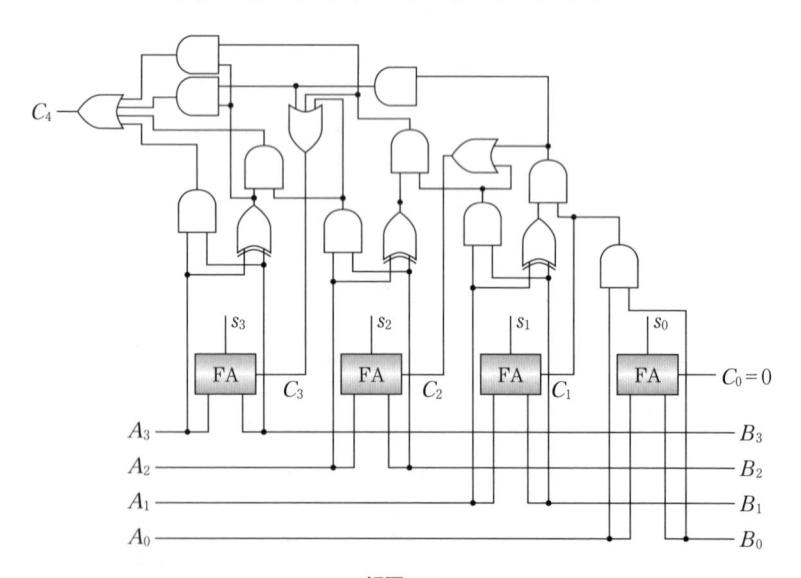

解図 4.3

より，C_4 は次のようになる．

$$C_4 = A_3B_3 + (A_3 \oplus B_3)C_3$$
$$= A_3B_3 + (A_3 \oplus B_3)\{A_2B_2 + (A_2 \oplus B_2)A_1B_1 + (A_2 \oplus B_2)(A_1 \oplus B_1)A_0B_0\}$$
$$= A_3B_3 + (A_3 \oplus B_3)A_2B_2 + (A_3 \oplus B_3)(A_2 \oplus B_2)A_1B_1 + (A_3 \oplus B_3)(A_2 \oplus B_2)(A_1 \oplus B_1)A_0B_0$$

これより 4 ビットの桁上げ先見加算器の回路は**解図 4.3** のようになる．

5 章

【1】図 5.7 からわかるように，D-FF は JK-FF の J と K 端子に NOT 回路を接続したものである．したがって，図 5.18 の NOT 回路つき JK-FF を D-FF に置き換えればよい．したがって，**解図 5.1** のようになる．

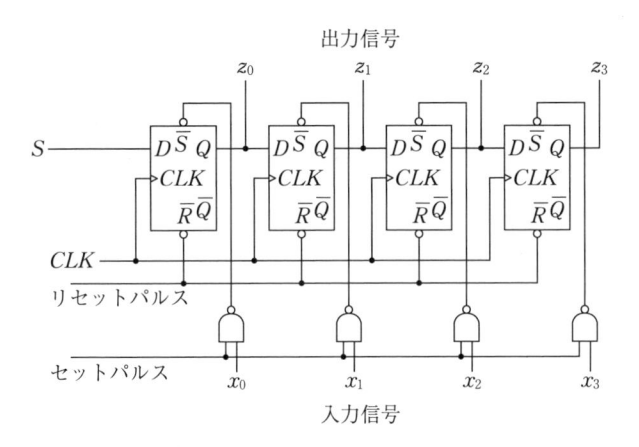

解図 5.1 D-FF によるシフトレジスタ

【2】**解図 5.2** のとおり．

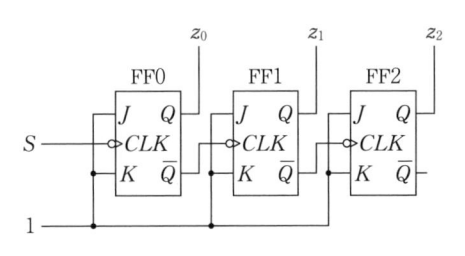

解図 5.2 8 進ダウンカウンタ

【3】 0から9まで数えて，10になった瞬間にリセット端子を使ってすべてのFFの値を0として0000に戻すと，0から9，0から9と数える10進カウンタが得られる。

10進カウンタの真理値表を書くと**解図5.3**（a）のようになり，11個目を数えたとき1010となり，表の丸で囲んだ1ビット目と3ビット目が1になる。このようになることは9までにはないので，このビットのANDをとってリセット回路にリセット信号を出し0000に戻すと，11個目のパルスを数えた瞬間0000となり，10進カウンタが得られる。

したがって，10進カウンタの回路は解図（b）のようになる。

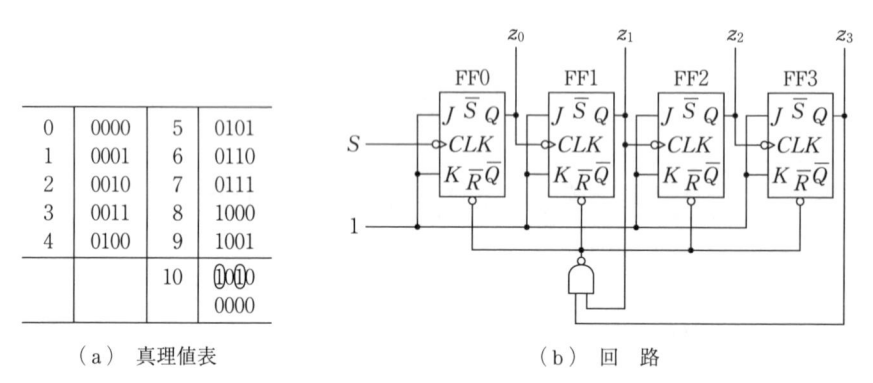

0	0000	5	0101
1	0001	6	0110
2	0010	7	0111
3	0011	8	1000
4	0100	9	1001
		10	1⓪1⓪
			0000

（a） 真理値表　　　　　　　　　　（b） 回　路

解図5.3　10進ダウンカウンタ

6 章

【1】 状態遷移表は表6.2（a）と同じである。出力表は**解表6.1**（a）のようになる。これより出力の真理値表は解表（b），（c）のようになる。

解表6.1

（a） 出力表

y_1y_0 \ x	0	1
00	00	01
01	00	10
10	00	11
11	00	00

出力 z_1z_0

（b） 出力 z_1

y_1y_0 \ x	0	1
00	0	0
01	0	1
11	0	0
10	0	1

（c） 出力 z_0

y_1y_0 \ x	0	1
00	0	1
01	0	0
11	0	0
10	0	1

この真理値表より，出力の論理式は
$$z_1 = \overline{y}_1 y_0 x + y_1 \overline{y}_0 x$$
$$z_0 = \overline{y}_1 \overline{y}_0 x + y_1 \overline{y}_0 x$$
となる．

【2】 5進カウンタの状態遷移図，出力表は**解表 6.2**（a），（b）のようになる．また，RS-FF の出力を変化させるための入力信号は解表（c）のようになる．これらから出力の真理値表は解表（d）のようになり，S と R 入力の真理値表は解表（e），（f）のようになる．これから 5 進カウンタの回路は**解図 6.1** のようになる．

解表 6.2

（a） 状態遷移表

$y_2 y_1 y_0 \backslash x$	0	1
000	000	001
001	001	010
010	010	011
011	011	100
100	100	000

（b） 出力表 z

$y_2 y_1 y_0 \backslash x$	0	1
000	0	0
001	0	0
010	0	0
011	0	0
100	0	1

（c） RS-FF の励振表

$y \to y^{(1)}$	s	r
$0 \to 0$	0	*
$0 \to 1$	1	0
$1 \to 0$	0	1
$1 \to 1$	*	0

（d） 出力の真理値表

$z = y_2 x$

$y_2 y_1 \backslash y_0 x$	00	01	11	10
00	0	0	0	0
01	0	0	0	0
11	*	*	*	*
10	0	1	*	*

（e） S 入力の真理値表

$s_2 = y_1 y_0 x$

$y_2 y_1 \backslash y_0 x$	00	01	11	10
00	0	0	0	0
01	0	0	1	0
11	*	*	*	*
10	*	0	*	*

$s_1 = \overline{y}_1 y_0 x$

$y_2 y_1 \backslash y_0 x$	00	01	11	10
00	0	0	1	0
01	*	*	0	*
11	*	*	*	*
10	0	0	*	*

$s_0 = \overline{y}_2 \overline{y}_0 x$

$y_2 y_1 \backslash y_0 x$	00	01	11	10
00	0	1	0	*
01	0	1	0	*
11	*	*	*	*
10	0	0	*	*

（f） R 入力の真理値表

$r_2 = \overline{y}_0 x$

$y_2 y_1 \backslash y_0 x$	00	01	11	10
00	*	*	*	*
01	*	*	0	*
11	*	*	*	*
10	0	1	*	*

$r_1 = y_1 y_0 x$

$y_2 y_1 \backslash y_0 x$	00	01	11	10
00	*	*	0	*
01	0	0	1	*
11	*	*	*	*
10	*	*	*	*

$r_0 = y_0 x$

$y_2 y_1 \backslash y_0 x$	00	01	11	10
00	*	0	1	*
01	*	0	1	*
11	*	*	*	*
10	*	*	*	*

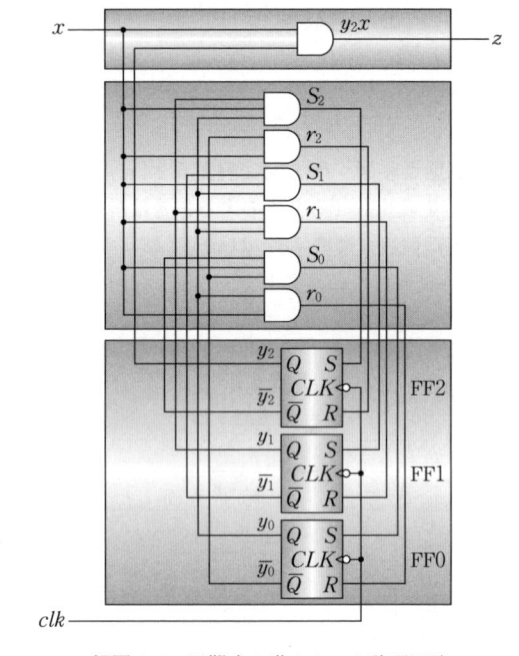

解図 6.1 同期式 5 進カウンタ論理回路

7 章

【1】 オペアンプは入力インピーダンスの高いアナログ波形増幅用 IC である。オペアンプを用いた回路は**解図 7.1** のようになる。この回路で，オペアンプの増幅度を A とする。オペアンプは入力抵抗が高く無限大に近いと考えてもよいので，次の式が成り立つ。

$$RI = V_o + V_i$$
$$V_o = AV_i$$

この式より

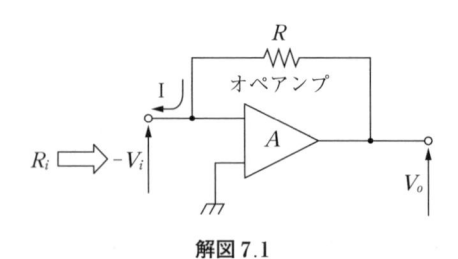

解図 7.1

$$RI = (A+1)V_i$$

よって，入力抵抗 R_i は

$$R_i = \frac{V_i}{I} = \frac{R}{A+1}$$

増幅度 A は普通 100 以上なので，入力抵抗値は R の 100 分の 1 以下になる。例えば，$A = 200$，$R = 1\,\text{k}\Omega$ の場合，入力抵抗は $R_i \fallingdotseq 0.005\,\Omega$ となる。

【2】 解図 7.2 のようにクロックパルスで FET を ON，OFF させ，アナログ波形の一部を切り取り，それでコンデンサ C を充電することにより電圧を保持する。

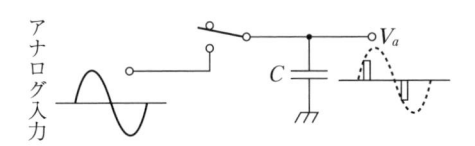

(a) 原理図

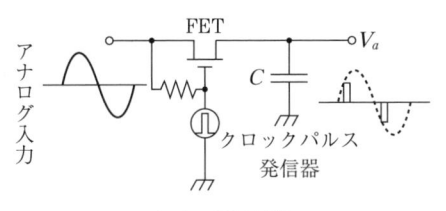

(b) 電子回路

解図 7.2

【3】 計数型 A-D 変換回路は**解図 7.3**(a) のように基準電圧 E_s と積分回路，カウンタにより構成する。解図 (b) の波形に示すように，アナログ信号を積分回路で一定時間 ΔT の間だけ積分すると，その出力は右肩上がりの波形となる。その後，標準電圧 E_s を積分すると，その出力が右肩下がりの直線となるので，それが 0 になるまで積分する。この標準電圧が 0 になるまでの積分時間 T_a は，入力のアナログ電圧に比例した時間となるので，この時間の間カウンタでパルス発信器からのパルスの数を数える。この数がアナログ入力に比例したディジタル信号となる。

積分回路は解図 (c) に示す回路が基本であり，C が大きいほど積分特性がよくなる。オペアンプを使った積分回路は解図 (d) である。これは問題【1】のオペアンプ回路の抵抗の代わりにコンデンサが接続されており，これにより $\dfrac{1}{j\omega C}$ がオペアンプにより小さくなる（すなわち，コンデンサの容量 C が

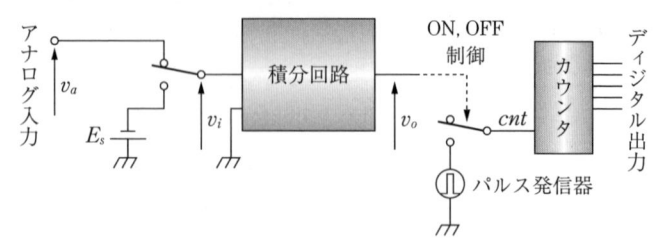

（a）原理回路

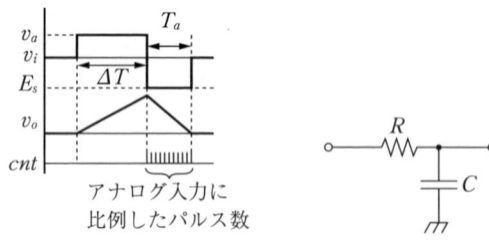

（b）波　形　　　（c）積分回路の基本

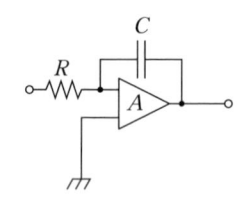

（d）オペアンプを使った積分回路

解図 7.3

大きくなる）と考えれば，この回路の原理を理解できる。

8 章

【1】 $00\underline{1}1 = -2+(-1) = -3$
　　　$0\underline{1}01 = -4+1 = -3$
　　　$\underline{1}101 = -8+4+1 = -3$
　　　最小 SD 表示は $00\underline{1}1,\ 0\underline{1}01$

【2】 **解図 8.1** のとおり。

演習問題解答

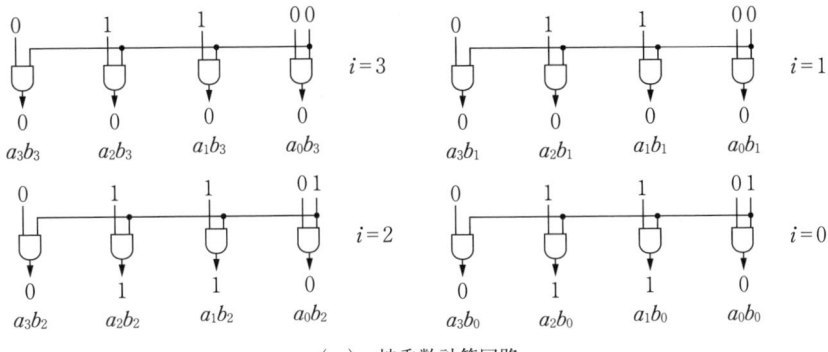

(a) 被乗数計算回路

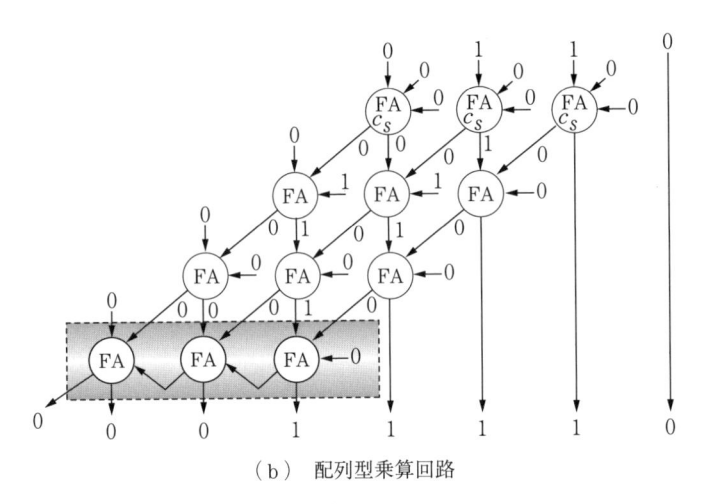

(b) 配列型乗算回路

解図 8.1

9 章

【1】 $\displaystyle V_i = \frac{r_i E}{\dfrac{1}{\dfrac{1}{r_0}+\dfrac{1}{r_0}+\cdots+\dfrac{1}{r_0}} + r_i}$

【2】 解図 9.1 のとおり。

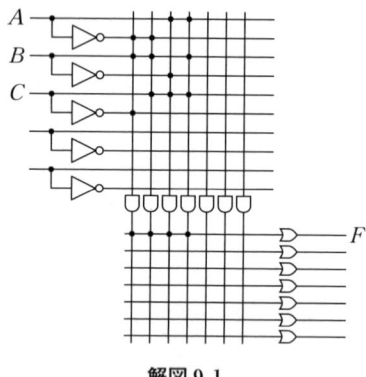

解図 9.1

索引

【あ】
アスキーコード　5
アンダシュート　69

【い】
インスタンス化　134
インスタンス名　134
インバータ回路　111
インピーダンス　120

【え】
エッジトリガ FF　72
エンコーダ　53

【お】
オーバシュート　69
オーバフロー　5
オープンコレクタ接続　117
オープンドレイン接続　117

【か】
カウンタ　76
荷重抵抗型 D-A 変換回路　91
カラムアドレス　122
カルノー図　31
貫通電流　113

【き】
記憶素子　64
ギガ　2
行セレクト線　122
キロ　2

【く】
組合せ論理回路　64

クロックパルス　69
クワイン・マクラスキー法　40
加え戻し法　60

【け, こ】
ケイ　2
桁上げ先見加算器　55
桁上げ保存加算器　95
ゲート回路　52
現在の回路の状態　80
コンセンサス　44

【さ】
最小 SD 表示　96
最小項　17
最大項　17
サンプリング定理　91

【し】
時間の経過　64
しきい値素子　72
シフトレジスタ　74
シミュレータ　130
主加法標準形　17
主項表　41
主乗法標準形　17
出力関数　81
出力表　83
出力ポート　132
順序回路　64, 80
状態遷移関数　81
状態遷移図　83
状態遷移表　83
状態遅延回路　81
真理値表　8

【せ】
正論理回路　46
正論理論理回路　46
積項　17
セルフスタートつきリング
　カウンタ　77
セレクタ　51
全加算器　49

【そ】
双対性　16
双対性定理　16
相補性回路　113

【た】
ダイオード　109
ダイナミックメモリ　123
ダイナミック論理回路　118
立上り遅延時間　122
立下り遅延時間　122

【ち】
値域　5
遅延回路　81
遅延形フリップフロップ　69
チャタリング　69
直接セットリセット端子
　つきフリップフロップ　73
直並列データ変換回路　75

【つ】
次の状態　81

【て】
デコーダ　53

索引

【て】

テストベンチ	130
デマルチプレクサ	52
デュアルポート RAM	124
テラ	2
電界効果トランジスタ	109
展開定理	21
伝播遅延	122

【と】

同期式 RS-FF	70
同期式論理回路	69
トグル	68
トグルフリップフロップ	68
ドミノ論理回路	119
ド・モルガンの定理	15
トライステート	113
トランジスタ	109
ドントケア項	34

【に】

入力インピーダンス	109
入力ポート	132

【ね】

ネガティブエッジ	72
ネットリスト	131

【は】

ハイインピーダンス状態	113
排他的論理和	48
バイト	1
ハザード	61
バスの衝突	117
ハードウェア記述言語	130
パラレルデータ	74
バレルシフトレジスタ	79
反 SD 数	96

【ひ】

半加算器	49
比較器	51
引き離し法	60
必須主項	43
ビット	1
ビット線	122
ビット列リコード型乗算	101
否 定	8, 11
否定論理	11
非同期式論理回路	69

【ふ】

ファンアウト数	121
ファンイン数	121
符号つきディジット	95
符号ビット	4
フラッシュメモリ	125
プリセット端子つき フリップフロップ	73
フリップフロップ	64
ブール代数	7
ブール変数	7
プログラマブルデバイス	127
フローティングゲート	125
負論理回路	46
負論理論理回路	46

【へ, ほ】

並列データ	74
ベン図	9
ポジティブエッジ	72

【ま】

交わり部分	9
マスク ROM	127

【み】

マスタスレーブ FF	71
マルチプレクサ	51

【め】

命題算	7
メ ガ	2
メモリセル	122

【も】

モジュール	132

【よ】

予約語	132

【り】

リフレッシュ動作	124
リングカウンタ	77

【れ】

励振表	84
レジスタ	74
レジスタ転送レベル	131
連接演算子	138

【ろ】

ローアドレス	122
論理演算	8
論理関数	8
論理合成ツール	131
論理積	8, 9
論理変数	7
論理和	8, 9

【わ】

ワイヤード OR 回路	117
和 項	17

【A】

AND 演算	8
AND ゲート	70
AND 論理	9
ANSI	9
ASCII	5

索引

【B】
BCD コード　　3
bit　　1
Booth の乗算器　　102
byte　　1

【C】
CLK　　69

【D】
D フリップフロップ　　69
DTL　　116

【E】
EPROM　　127

【F】
FA　　49
FET　　109
FPGA　　127, 128

【G】
G　　2

【H】
H レベル　　7, 46
　　――の雑音余裕度　　120
HA　　49
HDL　　130

【J】
JK フリップフロップ　　67

【K】
K　　2

【L】
L レベル　　7, 46
　　――の雑音余裕度　　120
LSB　　2

【M】
M　　2
MSB　　2

【N】
NAND 回路　　46
nMOS 型　　109
NOR 回路　　46
NOT 演算　　8
NOT 論理　　11
npn 型　　110

【O】
OFF　　7
ON　　7
OR 演算　　8
OR 論理　　9

【P】
PLA　　127
pMOS 型　　109
pnp 型　　110
PROM　　127

【R】
RAM　　122
ROM　　127
RS フリップフロップ　　64
RTL　　131

【S】
SD　　95
System C　　130

【T】
T　　2
T フリップフロップ　　68
TTL　　116

【V】
Verilog HDL　　130
VHDL　　130

【X】
XOR　　48

【数字】
1 の補数表現　　3
2 進化 10 進符号　　3
2 の補数表現　　3
8 進数　　2
16 進数　　2

―― 著者略歴 ――

曽和　将容（そわ　まさひろ）
1974年　名古屋大学大学院博士課程修了
　　　　（電気・電子工学専攻）
　　　　工学博士
1974年　群馬大学助手
1976年　群馬大学助教授
1987年　名古屋工業大学教授
1993年　電気通信大学教授
2009年　電気通信大学名誉教授

範　　公可（ファム　コンカ）
1988年　上智大学理工学部電気・電子工学科卒業
1992年　上智大学大学院博士後期課程修了
　　　　（電気・電子工学専攻）
　　　　博士（工学）
1992年　上智大学助手
1996年　東京情報大学講師
2000年　電気通信大学助教授
2007年　電気通信大学准教授
2017年　電気通信大学教授
　　　　現在に至る

論 理 回 路
Logical Circuits　　　　　　　　　　　　　© Masahiro Sowa, Cong-Kha Pham 2013

2013年 9月20日　初版第1刷発行
2020年 7月20日　初版第3刷発行

検印省略

著　者	曽　和　　将　容
	範　　　　公　可
発行者	株式会社　コロナ社
代表者	牛来真也
印刷所	新日本印刷株式会社
製本所	有限会社　愛千製本所

112-0011　東京都文京区千石 4-46-10
発行所　株式会社　コロナ社
CORONA PUBLISHING CO., LTD.
Tokyo Japan
振替00140-8-14844・電話(03)3941-3131(代)
ホームページ　https://www.coronasha.co.jp

ISBN 978-4-339-02705-1　C3355　Printed in Japan　　　　　　　　　　（阿部）

JCOPY <出版者著作権管理機構 委託出版物>

本書の無断複製は著作権法上での例外を除き禁じられています。複製される場合は，そのつど事前に，出版者著作権管理機構（電話 03-5244-5088，FAX 03-5244-5089，e-mail: info@jcopy.or.jp）の許諾を得てください。

本書のコピー，スキャン，デジタル化等の無断複製・転載は著作権法上での例外を除き禁じられています。購入者以外の第三者による本書の電子データ化及び電子書籍化は，いかなる場合も認めていません。
落丁・乱丁はお取替えいたします。

電気・電子系教科書シリーズ

(各巻A5判)

- ■編集委員長　高橋　寛
- ■幹　　　事　湯田幸八
- ■編集委員　　江間　敏・竹下鉄夫・多田泰芳
　　　　　　　　中澤達夫・西山明彦

配本順		書名	著者	頁	本体
1.	(16回)	電気基礎	柴田尚志・皆藤新一共著	252	3000円
2.	(14回)	電磁気学	多田泰芳・柴田尚志共著	304	3600円
3.	(21回)	電気回路Ⅰ	柴田尚志著	248	3000円
4.	(3回)	電気回路Ⅱ	遠藤　勲・鈴木靖純編著・吉田久雄・降籏　巳・福吉　之・高西　彦共著	208	2600円
5.	(29回)	電気・電子計測工学(改訂版)—新SI対応—	福田　郎共著ほか	222	2800円
6.	(8回)	制御工学	下西平・奥木二・青堀鎮共著	216	2600円
7.	(18回)	ディジタル制御	西堀俊立・青木幸共著	202	2500円
8.	(25回)	ロボット工学	白水俊次著	240	3000円
9.	(1回)	電子工学基礎	中澤達夫・藤原勝幸共著	174	2200円
10.	(6回)	半導体工学	渡辺英夫著	160	2000円
11.	(15回)	電気・電子材料	中澤・藤原・服部共著	208	2500円
12.	(13回)	電子回路	押田健英・森田二共著	238	2800円
13.	(2回)	ディジタル回路	伊原充博・若海弘夫・吉澤昌純・室賀　也・土田賢省共著	240	2800円
14.	(11回)	情報リテラシー入門	山下　厳共著	176	2200円
15.	(19回)	C++プログラミング入門	湯田幸八著	256	2800円
16.	(22回)	マイクロコンピュータ制御プログラミング入門	柚賀正光・千代谷慶共著	244	3000円
17.	(17回)	計算機システム(改訂版)	春日健・舘泉雄治共著	240	2800円
18.	(10回)	アルゴリズムとデータ構造	湯田幸八・伊原充博共著	252	3000円
19.	(7回)	電気機器工学	前田勉・新谷邦弘共著	222	2700円
20.	(9回)	パワーエレクトロニクス	江間敏・甲斐隆章共著	202	2500円
21.	(28回)	電力工学(改訂版)	江間敏・甲斐隆章共著	296	3000円
22.	(5回)	情報理論	三木成彦・吉川英機共著	216	2600円
23.	(26回)	通信工学	吉川・竹下鉄夫・藤田正機共著	198	2500円
24.	(24回)	電波工学	松田豊稔・宮田克正・南部幸久共著	238	2800円
25.	(23回)	情報通信システム(改訂版)	岡田・桑原・月原・桑植松共著	206	2500円
26.	(20回)	高電圧工学	植松・箕田唯孝・原史夫共著	216	2800円

定価は本体価格+税です。
定価は変更されることがありますのでご了承下さい。

図書目録進呈◆

コンピュータサイエンス教科書シリーズ

(各巻A5判，欠番は品切または未発行です)

■編集委員長　曽和将容
■編集委員　　岩田　彰・富田悦次

配本順			頁	本体
1.（8回）	情報リテラシー	立花曽和 康将容夫秀雄 共著	234	2800円
2.（15回）	データ構造とアルゴリズム	伊藤 大雄 著	228	2800円
4.（7回）	プログラミング言語論	大口山味 通将弘夫 共著	238	2900円
5.（14回）	論　理　回　路	曽範 和将公容 共著	174	2500円
6.（1回）	コンピュータアーキテクチャ	曽和 将容 著	232	2800円
7.（9回）	オペレーティングシステム	大澤 範高 著	240	2900円
8.（3回）	コ ン パ イ ラ	中田中井 育男央 監修著	206	2500円
10.（13回）	インターネット	加藤 聰彦 著	240	3000円
11.（17回）	改訂 ディジタル通信	岩波 保則 著	240	2900円
12.（16回）	人 工 知 能 原 理	加納山田遠藤 政芳雅之守 共著	232	2900円
13.（10回）	ディジタルシグナルプロセッシング	岩田　彰 編著	190	2500円
15.（2回）	離　散　数　学 —CD-ROM付—	牛島相廣 和利夫民雄一 編著共著	224	3000円
16.（5回）	計　算　論	小林 孝次郎 著	214	2600円
18.（11回）	数 理 論 理 学	古川向井 康国一昭 共著	234	2800円
19.（6回）	数 理 計 画 法	加藤 直樹 著	232	2800円

定価は本体価格+税です。
定価は変更されることがありますのでご了承下さい。

図書目録進呈◆